崔玉涛漫画育儿

日常养育能搞定

崔玉涛——著 冬漫社——绘

中信出版集团 | 北京

图书在版编目（CIP）数据

崔玉涛漫画育儿. 日常养育能搞定 / 崔玉涛著 ; 冬漫社绘. -- 北京 : 中信出版社, 2022.5（2024.2 重印）
ISBN 978-7-5217-3919-0

Ⅰ. ①崔… Ⅱ. ①崔… ②冬… Ⅲ. ①婴幼儿—哺育—基本知识 Ⅳ. ① TS976.31

中国版本图书馆 CIP 数据核字（2022）第 007944 号

崔玉涛漫画育儿 · 日常养育能搞定

著　　者：崔玉涛
绘　　者：冬漫社
出版发行：中信出版集团股份有限公司
（北京市朝阳区东三环北路27号嘉铭中心　邮编　100020）
承 印 者：北京联兴盛业印刷股份有限公司

开　　本：787mm × 1092mm　1/16
印　　张：12.25
字　　数：150千字
版　　次：2022年5月第1版
印　　次：2024年2月第3次印刷
书　　号：ISBN 978-7-5217-3919-0
定　　价：59.00元

崔玉涛养育中心策划团队
内容编辑：刘子君　李淑红　樊桐杰　于永珊

冬 漫 社
插 画 师：任洋

出　　品　中信儿童书店
图书策划　小飞马童书
策划编辑　赵媛媛　马晓婧
责任编辑　陈晓丹
营销编辑　胡宇泊
美术设计　姜婷
内文排版　北京沐雨轩文化传媒

序

做儿科医生这近 40 年的时间，让我领悟到了“大医治未病”的真谛，也意识到了健康科普宣教的真正重要性。而在通过各种渠道、各种方式坚持科普的这 20 余年时间里，我又渐渐明白了一件事情：如果想要“养好孩子”，就得先“育好家长”。

而这个“育”，并非只是讲明原理、传授方法，还要帮助年轻的家长还有家中的长辈们，从心态上真正成为一名父亲、母亲或祖父母、外祖父母。毕竟，孩子天生就是孩子，但家长并非天生就是家长，因此这个刚刚完成社会角色转变的群体，更需要迅速地学习与适应，也更需要我们的帮助。

为了能为家长们提供从心态到知识，再到方法上的全面指导，几年前我和团队共同努力，出版了一本《崔玉涛育儿百科》，图书上市后，承蒙大家厚爱，得到了还不错的反响。

有不少读者朋友笑称：“这本书可以‘镇宅’，有问题时查一查，很实用！”听到这样的评价，我们一方面感谢大家的肯定，另一方面也体会到了这本书给读者带来的“压力”。毕竟那是一本 600 多页的大部头，这样的厚重固然能给读者带来安心，但也确实掠走了一部分阅读的乐趣。

就算是为了与《崔玉涛育儿百科》形成互补吧，我和团队伙伴以及出版社的同人们，又共同策划了这套《崔玉涛漫画育儿》，希望能用漫画结合知识的形式，为大家提供更轻松的阅读体验。

我们结合读者的反馈以及近几年临床的经验，选择了近 300 个被家长们高频关注的知识点，以科学喂养、日常养育、健康护理三个维度进行分类，形成三本分册。

这本日常养育分册，包括与睡眠、口腔、运动、日常护理、早教等相关的主题，其中有养育知识与原则，也有能供大家参考执行的具体方法。

孩子的成长，需要家长的耐心呵护，尤其对于新手家长来说，养育并不是一件轻松的事情。我真诚地希望，通过这本书，更多的家长能够更科学地去护理孩子日常的方方面面，更理性地看待在养育孩子过程中出现的困惑。

希望您的养育之路更轻松，孩子健康快乐地成长。

目录

第一部分 关于睡眠

第二部分 口腔与牙齿保护

第三部分

关于运动

第四部分

日常护理

第五部分

养育中的小问题

第六部分

早教

第七部分

养育效果

第一部分

关于睡眠

良好的睡眠，可以促进生长激素的分泌，助力宝宝生长发育。睡姿、睡眠环境、睡眠习惯……家长担心的睡眠问题，这里都有答案！

什么样的睡姿适合宝宝？

知识点
- 睡姿有很多种，对于宝宝来说，安全、舒适为首先考虑原则。
- 小宝宝趴睡时，一定要有清醒的大人在旁看护，防止窒息。
- 宝宝不应长期一直保持一种睡姿，以防止偏头、歪头。

宝宝的睡姿可谓千奇百怪，有些喜欢仰睡，有些喜欢侧睡，有些则更愿意趴睡。每种睡姿都有其特点，究竟选择哪种睡姿，要以宝宝的安全、舒适为首要原则。

仰睡

优点：宝宝平躺在床上，有利于肌肉放松和手脚自如活动，也方便家人直接、清晰地观察宝宝的表情变化。如果宝宝吐奶，也能够及时发现，及时处理。

缺点：长期仰睡，宝宝经常会将头偏向某一边。如果不能及时帮助宝宝调整头部位置，可能会影响宝宝的头形，出现偏头。对特别容易呕吐或吐奶的宝宝来说，仰面平躺时，反流的食物可能会呛入气管和肺内，存在一定的安全隐患。

趴睡

优点：宝宝趴睡时，即使吐奶，呕吐物会顺着嘴角流出来，一般不会吸入气管引起窒息；后脑勺不会受到压迫，容易睡出圆头形；如果宝宝有肠绞痛，趴睡能给腹部一定压力，缓解不适。需要说明的是，趴睡并不会压迫心肺，和仰睡对内脏的压力其实是相同的。

缺点：宝宝趴睡时，不便吞咽口水，易使口水外流。口鼻容易被枕头、毛巾、被褥等堵住，有发生窒息的可能。如果趴睡时手脚受压，可能会导致血液流通不畅。

侧睡

优点：首先，侧睡可以减少咽喉分泌物滞留，让呼吸道更加通畅。其次，当宝宝侧睡尤其是朝右侧睡时，食物能够顺利地从胃部进入肠道，利于消化。如果吐奶，呕吐物也会从嘴角流出，不会引起窒息。

缺点：如果长期向一个方向侧躺，容易影响宝宝的头形和脸形。因此，如果宝宝喜欢侧睡，就要经常帮他变换方向，这次睡觉右侧躺，下次睡觉就要左侧躺。

怎样把睡着的宝宝放到床上？

- 要等宝宝完全睡熟之后再放下。
- 将宝宝放在小床上时动作要轻柔。
- 放下宝宝后再陪他多待一会儿。
- 也可以用毯子包裹宝宝。

知识点

很多小宝宝的家长都被“落地醒”困扰，虽然这个问题会随着宝宝长大慢慢改善，不过现阶段还是需要一些技巧把小月龄宝宝顺利放到床上。

技巧一：成功哄睡后，让宝宝在自己怀里多待会儿，并且轻拍的动作要慢慢停止，直到宝宝完全睡熟。如果家长要从椅子上站起，注意动作要慢。

技巧二：放下宝宝时，动作要轻柔，保持他的身体始终贴在自己胸前，让宝宝的背先接触床面，然后抽出托住屁股的手，稍稍抬高头部，帮助抽出头颈下的手。

技巧三：成功把宝宝放到床上后，再保持俯身的姿势多陪他一会儿，可以按住宝宝的身体或继续轻轻拍，给他安全感。

技巧四：小月龄宝宝会有惊跳反射，因此可以用毯子把他裹起来，营造出还在妈妈子宫里的感觉，让宝宝睡得更踏实。

宝宝的夜间睡眠质量怎么保证？

知识点

- 要给宝宝创造舒适的睡眠环境，包括温湿度、舒适度、空气流通度。
- 营造轻松的睡前气氛。
- 宝宝夜间偶尔哭泣或者无意识哼唧，家长可暂时不回应，让他学习自行入睡。

让宝宝夜间拥有良好的睡眠质量，家长首先要给孩子创造舒适的睡眠环境，包括温湿度（温度 24~26 ℃，湿度 50% 左右）、舒适度（被褥不要太软、透气性要好）、良好的空气流通度（房间每天通风换气）。

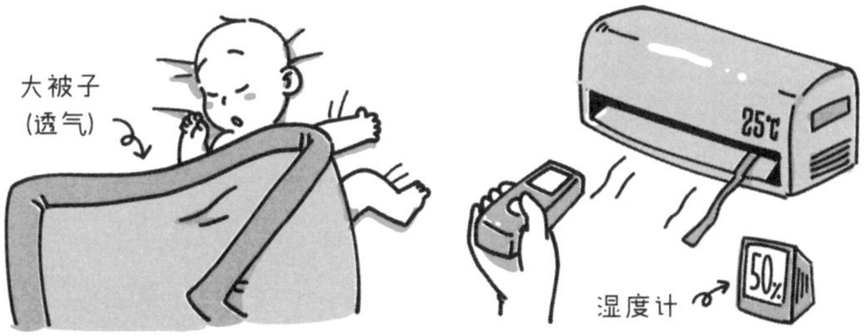

保证宝宝夜间睡眠质量，家长还要营造轻松的睡前气氛。睡前一小时内运动量不要太大，情绪不要太激动，可以播放柔和的音乐或者唱摇篮曲，灯光调暗或者关掉。

宝宝处于睡眠状态，偶尔会做梦哭泣或无意识哼唧，家长不要立即开灯或者抱起宝宝，因为他可能会因此真正醒来。暂时不回应，能够帮助他学习自行入睡。如果哭闹特别厉害或者迟迟无法入睡，家长再干预。

即使是睡眠中的宝宝，也能够感知饥饱。如果他觉得饿了，就会自动醒来要求吃奶。因此，家长没必要因担心他饿就叫醒他吃奶。

宝宝睡觉时，只要尿液没有多到流出来，没有排大便，就不用更换新的纸尿裤，避免打扰宝宝睡觉。

该让宝宝睡小床吗？

- 宝宝夜间睡觉时，提倡和父母“同房不同床”。
- 起初可以将小床和大床并排放，并拆掉一侧围栏。
- 宝宝稍大些，可以在两张床中间挂上帘子，制造独立空间。
- 宝宝习惯独睡后，可以将小床移到房间一角。

知识点

很多家长习惯和宝宝睡在同一张床上，其实这样做不仅会影响睡眠质量，还有可能压到熟睡的宝宝。

对于小宝宝来说，最好的方式是跟父母“同房不同床”，这既给宝宝安全感、方便父母照顾，又让各自都有空间。

同房不同床

摆放小床的方式，可以根据宝宝月龄变化随时调整。起初可以把婴儿床放在大床旁边，拆掉婴儿床靠近大床一侧的围栏。

拆掉一侧围栏，
和大床拼在一起

等宝宝稍微大一些，可以在大床和小床之间拉上一道帘子，为宝宝打造一个能培养独立睡觉的空间，为日后真正的分床做准备。

用帘子隔出独立空间

等宝宝习惯了在独立空间里入睡后，就可以把小床和玩具一起放在卧室的一角，给宝宝打造一个专属小天地，培养他的独立意识。

在卧室的一角，
打造宝宝专属
小天地。

如何帮助宝宝建立昼夜规律?

- 认真为宝宝营造昼夜分明的睡眠环境。
- 父母注意和宝宝一起养成健康睡眠习惯。
- 如果宝宝有昼夜颠倒的情况，要注意纠正。

知识点

新生宝宝没有建立昼夜规律，需要爸爸妈妈帮忙引导。第一件事就是营造昼夜分明的睡眠环境，夜里房间要保证安静、黑暗，妈妈喂奶时可以用小夜灯。

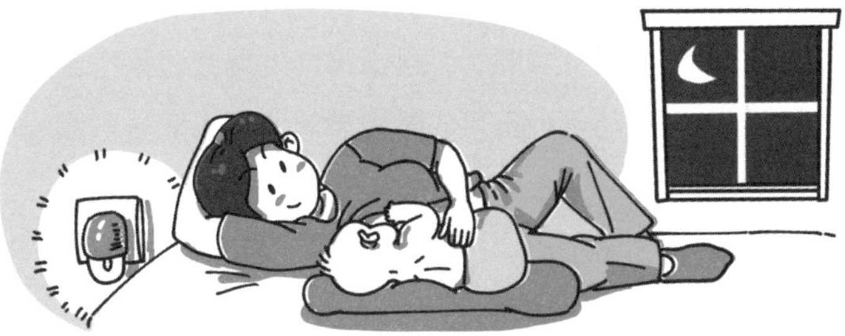

到了白天，即便宝宝在睡觉，家人也可以正常说话、活动，没必要让房间里面静悄悄的，更没必要拉上窗帘制造暗环境，一切保持日间正常状态就好。

爸爸妈妈要以身作则，早睡早起别熬夜。要知道，宝宝的睡眠规律一般和家长的作息规律有很大关系。

如果宝宝睡眠已经昼夜颠倒了，家长得帮他调整过来。当白天发现宝宝稍有困意时，可以招呼他玩玩玩具、做做游戏，出去溜达一圈，尽量减少白天的睡眠。

当然，要控制白天睡觉时间，也得尊重宝宝自然需求。如果宝宝明显已经很疲倦了，再拦着不让睡会破坏他的生物钟，后果很严重。

如何引导和孩子分房睡？

- 宝宝能自己上下床、独自上厕所时，可以开始分房睡。
- 分房时要给宝宝做好心理建设，策划带有仪式感的开端。
- 可以让宝宝参与新房间的布置，并带着自己的“旧朋友”。
- 分房后要继续陪宝宝入睡，可以讲睡前故事、聊天等。

知识点

宝宝 3 岁多，能自己上下床、独自上厕所时，就可以考虑和父母分房睡了。给宝宝做心理建设，可以借助入园这一契机，当然要在宝宝完全适应幼儿园生活后再开始实行。

分房时，爸爸妈妈可以给宝宝策划一个有仪式感的开端，比如准备蛋糕、送件玩具，郑重地祝贺他“新生活”的开始。

布置宝宝的新房间时，可以让他参与，无论是床、衣柜，还是书桌、壁纸，都可以带着宝宝一起选购。

在新的房间里，可以让宝宝继续使用以前的物品，比如床单、被罩、枕头、玩具等，帮宝宝有效消除不安的感觉。

和宝宝分房睡，并不代表一开始就让他独自一个人在房间里入睡。爸爸妈妈可以在睡前给宝宝讲绘本、聊天，帮他放松下来，自然入睡。

什么时候可以给宝宝使用枕头？

知识点

- **通常宝宝会坐时可以尝试使用枕头。**
- **宝宝睡觉时主动找东西垫在头下，是需要枕头的信号。**
- **如果没有枕头宝宝睡得也很舒服，就不必强求。**

我们睡觉时为什么需要枕头呢？因为成人平躺时，颈前曲处在紧绷状态，凹陷带会压迫气道，造成呼吸不畅，有了枕头呼吸就能更顺畅。

刚出生的宝宝没有颈前曲，平躺时没有凹陷带，用了枕头反而人为让气道弯曲，导致呼吸不畅，所以小宝宝不需要枕头。

等到宝宝能熟练地俯卧抬头时，就说明颈前曲已经形成了，这个时间点和他会坐的时间接近，所以差不多这个时候可以尝试给宝宝用枕头。

不过，如果宝宝即便会坐了却依然不习惯用枕头，而且平躺时呼吸也很通畅，就不用强求，毕竟枕头是为了让宝宝睡得更舒服。

当然，如果宝宝主动表示需要枕头，也别一定要等到“会坐”这个时间点。“我需要枕头”的暗号包括：宝宝睡觉时自主找小物件垫在头下，或者把小手垫在头下。

给宝宝选枕头，要注意什么？

知识点

- **枕头要保证宝宝仰卧时，头和身体是平行的。**
- **枕芯的材质可以根据家庭习惯选择，不要太软。**
- **枕芯、枕套要勤清洗、勤晾晒，定期更换。**

宝宝的颈前曲形成之后，就可以考虑用枕头了。选择枕头时，要同时注意枕头的高度、枕芯的材质和清洗的便利三个方面。

给宝宝准备的枕头不能太高，也不能太低，要保证宝宝仰面躺在枕头上时，头和身体平行。

枕芯的材质可以根据家庭习惯选择，小米、决明子、荞麦皮、棉花、化纤等都可以，不过注意枕头不要太软，避免发生窒息。

不管选择哪一种枕头，都要注意清洁，枕套和枕芯要经常清洗、晾晒，特别是荞麦皮、小米枕芯，更要经常晾晒。

如果选择小米、荞麦皮等充当枕芯，每次使用时要将枕头压平，保证宝宝翻身后头仍然与身体平行，并且每三个月换一次枕芯。

如何防止宝宝踢被子？

知识点

- **床太大或被子太小，都可能使得宝宝踢被子。**
- **室温过高或铺盖过厚，宝宝觉得热会踢被子。**
- **睡眠中被父母打扰，宝宝睡得不安也会踢被子。**

如果床太大，宝宝可能缺乏安全感，睡觉时会不自觉靠向大人或倚靠床栏，将被子踢走。如果是这个原因，建议让宝宝睡小床。

如果被子太小，宝宝在调整睡姿时，会将被子压到身下或踢到别的地方，家长可以给宝宝换个稍大的被子。

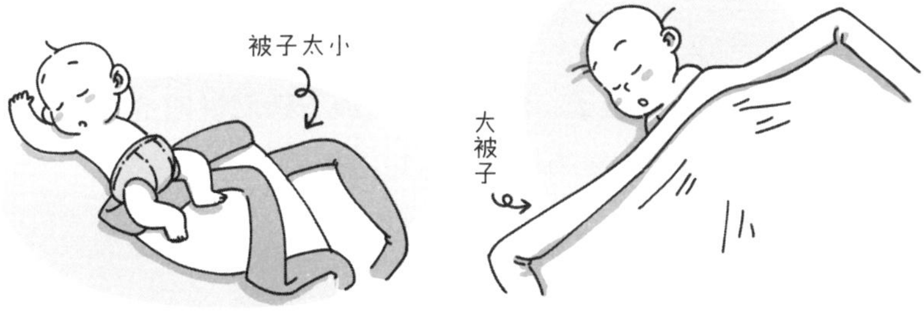

如果宝宝感觉太热，也可能会踢被子。所以室温最好调至 24~26℃，铺盖避免过厚，如果宝宝后脖颈处温热且没有出汗，就说明温度和铺盖合适。

睡觉时宝宝只要翻身、哼唧，家长就赶快安抚，反而有可能打扰他的睡眠，睡眠不安也容易踢被子，因此爸爸妈妈尽量不要打扰宝宝睡眠。

如果宝宝非常抗拒盖被子，而且并没着凉，那就说明他真的不冷。家长别用自己的体感来判断，要相信宝宝感知冷暖的能力。

宝宝尿床怎么办？

知识点

- **宝宝尿床是因为身体机能发育不成熟。**
- **家长的指责批评会伤害宝宝自尊，让他更有压力。**
- **可以让宝宝一起晾晒尿湿的被褥，建立责任意识。**
- **借助纸尿裤、训练裤、隔尿垫，能让宝宝睡得更安稳。**

宝宝尿床主要是因为身体机能发育还不够成熟，无法自如地控制小便，通常这个问题会持续到学龄前。

宝宝尿床后，家长的批评和指责并不能明显改善问题，反而可能会伤害宝宝的自尊心，给他造成心理压力。

正确的做法是邀请宝宝一起晾晒尿湿的被褥，这能帮宝宝建立责任意识，也能在一定程度上缓解他的心理负担。

爸爸妈妈可以在宝宝睡觉时，给他穿纸尿裤、拉拉裤或训练裤，让宝宝睡觉更安心。

通常宝宝有下面这些表现，说明他已经基本告别尿床：

①晚上排尿次数减少，
早晨纸尿裤中只有少量尿液

②白天可以 3 ~ 4 小时不上厕所

③晚上可以被尿意唤醒，自己上厕所

④小睡时不尿床

第二部分

口腔与牙齿保护

出牙护牙、口腔健康，是每个宝宝成长过程中都会遇到的话题。那么，何时出牙、如何做口腔清洁、如何保护乳牙……本章为你解答！

如何给宝宝做口腔清洁？

知识点

- **没出牙的宝宝，每次吃奶后要喝一两口清水漱口。**
- **爸爸妈妈可以用手给宝宝按摩牙龈，或者提供牙胶。**
- **如果宝宝已经出牙了，家长要坚持每天用指套牙刷帮他刷牙。**

宝宝没有出牙时也需要清洁口腔，否则细菌败解奶液中的乳糖，会产生可以腐蚀牙釉质的酸性物质，增加出牙后患龋齿的风险。

宝宝还没有出牙时，口腔清洁的方法比较简单，只需要每次吃奶后，再给宝宝喝一两口清水，让他漱漱口就可以。

爸爸妈妈也可以洗干净手后给宝宝按摩牙龈，或者给宝宝提供牙胶，让他提前习惯牙龈被异物碰触的感觉。

如果宝宝已经出牙了，家长要坚持每天用指套牙刷给宝宝刷牙，即便只有一颗牙也要刷！

不要以为乳牙早晚会换掉，就不重视护理。乳牙一旦出现龋齿，可能会影响日后恒牙萌出，所以千万要保护好乳牙哟！

宝宝何时出牙？什么顺序？

知识点

- 长牙和出牙是牙齿发育的两个阶段，不能混淆。
- 只要第一颗乳牙在宝宝 13 个月内萌出就是正常的。
- 宝宝出牙有自己的规律，家长不要盲目比较。

宝宝出生时，乳牙和恒牙就已经长好，“藏”在牙龈里了。所以严格来讲，从第一颗乳牙萌出到 20 颗乳牙全部长齐的过程，应该叫作“出牙”而非“长牙”。

宝宝通常会在 4~10 个月大的时候开始出牙，最先冒头的大多是下门牙，之后其他乳牙陆续萌出，直到宝宝 2~3 岁时，乳牙全部出齐。

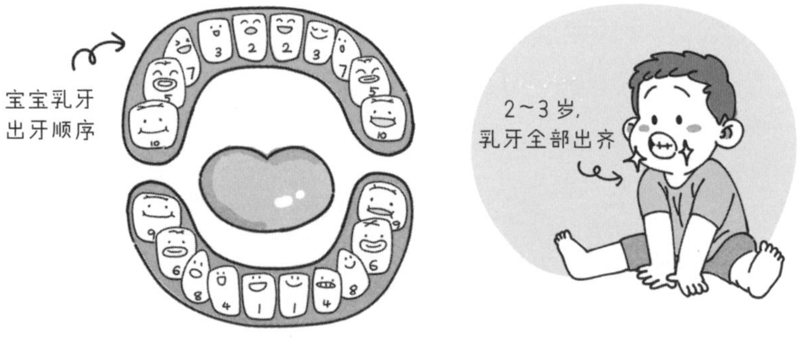

宝宝萌出第一颗乳牙的时间和很多因素有关，比如遗传、营养状况、牙龈被刺激的频率等。只要第一颗乳牙在宝宝 13 个月内萌出就是正常的。

宝宝出牙的顺序和节奏也存在差异，有时候可能连续一两个月都不出新牙，有时候可能会同时萌出三四颗，还有的可能会打乱常规的出牙顺序。

每个宝宝都有属于自己的发育规律，出牙也存在个体差异，因此家长千万别一味和同月龄宝宝对比，给自己徒增焦虑。

宝宝要出牙，会有哪些表现？

知识点

- **出牙期的典型表现是口水增多。**
- **吃手、咬乳头、低热、夜醒、腹泻、拒食可能和出牙有关。**
- **出牙期要提高警惕，不要把所有症状都归咎为出牙。**

宝宝出牙时，牙齿在穿透牙龈的过程中会刺激牙龈神经，导致唾液分泌增多，而宝宝还不太会吞咽，流口水就成了出牙的显著标志。

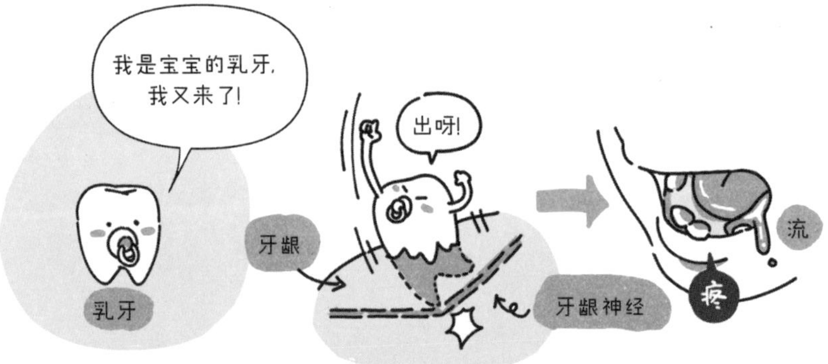

出牙期第二个常见表现是吃手、频繁咬乳头，这是因为宝宝想通过啃咬缓解牙龈肿痛的不适。家长可以帮忙按摩牙龈，或者提供牙胶，不过别给宝宝吃止疼药。

宝宝出牙期间，因为经常啃咬东西摩擦牙龈，容易引起口腔黏膜感染或牙龈发炎，导致体温轻微升高，但是不影响吃、睡和精神状态，所以不用担心。

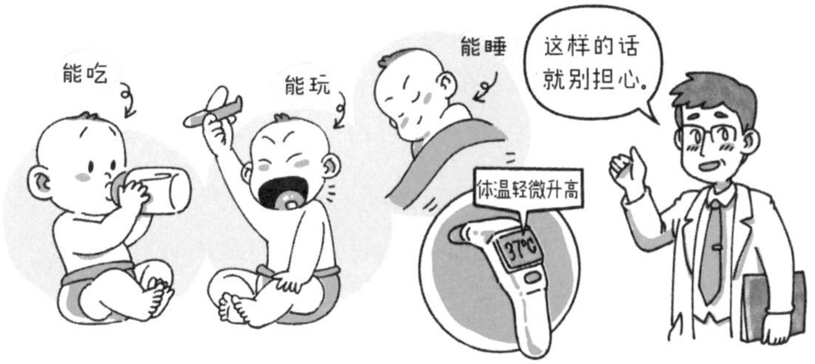

出牙疼痛会让宝宝异常烦躁。在安静的夜里，没有能用来分散注意力的刺激，宝宝可能会更“关注”牙龈的不适感，导致夜间睡眠不安。

有些宝宝还会出现拒食、腹泻，不过家长别把这段时间所有的问题都归咎于出牙，觉得没有把握时要及时咨询医生。

宝宝出牙时爱咬乳头怎么办？

知识点

- **被咬时，妈妈可以把小拇指轻轻塞进宝宝嘴里。**
- **妈妈被咬时要保持镇静，平静地停止哺乳，避免大喊大叫。**
- **哺乳时如果宝宝的吮吸力度减弱，妈妈就要提高警惕。**
- **尽量保证哺乳的环境简单、安静，能让宝宝专心吃奶。**

宝宝出牙时，会用啃咬缓解牙龈的不适感。如果乳头被咬，妈妈可以把小拇指轻轻塞进宝宝嘴里，让他松开嘴，千万别硬把乳头扯出来。

被咬时，妈妈要保持镇定，大喊大叫会让宝宝觉得这像个游戏。妈妈可以平静地停止哺乳，让宝宝知道“咬人没奶吃”，同时告诉他“咬人不对，妈妈会很疼”。

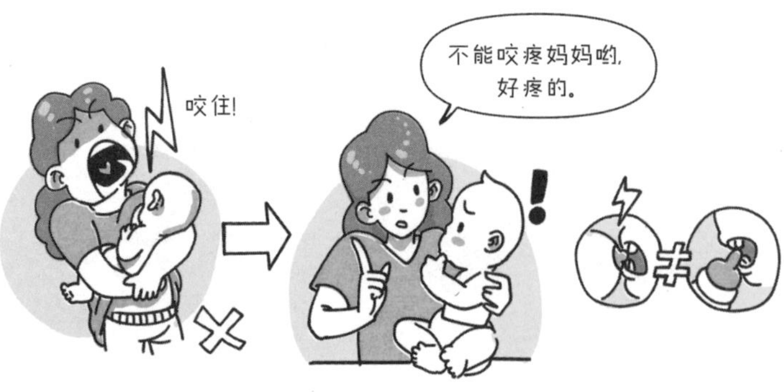

一般宝宝特别饿时，会把吃奶当成第一要务，而一旦有了饱腹感，可能就会咬乳头磨牙。所以哺乳时，妈妈发现宝宝吮吸力度变弱，就要提高警惕。

尽量保证哺乳的环境简单、安静，否则宝宝被外界刺激吸引，不认真吃奶，就可能会把注意力更集中在牙齿不适上。

妈妈可以给宝宝买牙胶、磨牙棒，帮他缓解出牙不适，避免宝宝再把乳头当成磨牙工具。

如何帮宝宝缓解出牙不适？

知识点

- **可以用冰镇过的磨牙棒、牙胶等帮宝宝缓解出牙不适。**
- **如果想用食物磨牙，首选磨牙饼干，果蔬条有呛噎风险。**
- **可以用指套牙刷为宝宝按摩牙龈。**

宝宝出牙时，会哭闹、咬手指、流口水，或出现低热、耳部不适等症状，总体来说非常不舒服，家长可以用一些方法帮助他缓解这种不适。

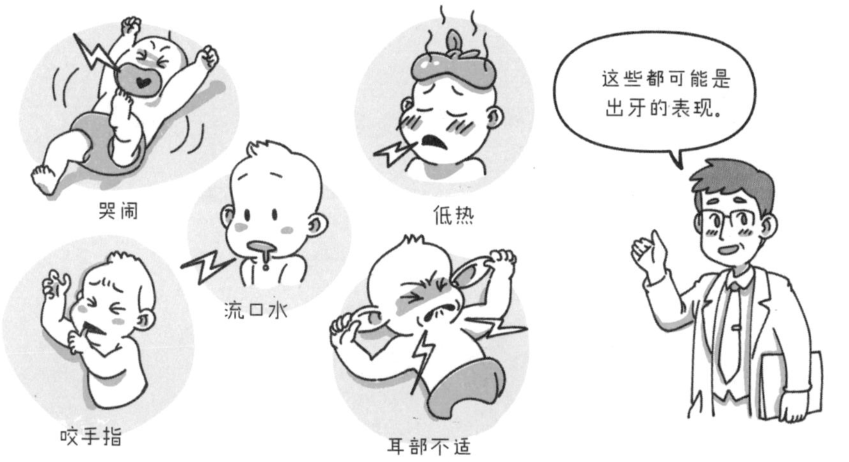

第一个方法是准备磨牙棒、牙胶让宝宝啃咬。如果想选择食物来磨牙，优选磨牙饼干，最好不要用果蔬条，避免呛噎风险。

第二个方法是短时冰镇磨牙用品，清凉的口感能让宝宝肿胀的牙龈感觉更舒服。不过注意要冷藏而非冷冻，太凉的磨牙用品可能会冻伤牙龈。

第三个方法是帮宝宝按摩牙龈。爸爸妈妈可以用指套牙刷给宝宝按摩牙龈，不过注意力道不要过猛，避免擦伤牙龈。

最后要注意，别把所有不适都归因于出牙，宝宝有高热、频繁揪耳朵、牙龈出血过多的情况，或者情绪异常烦躁，都应及时就医。

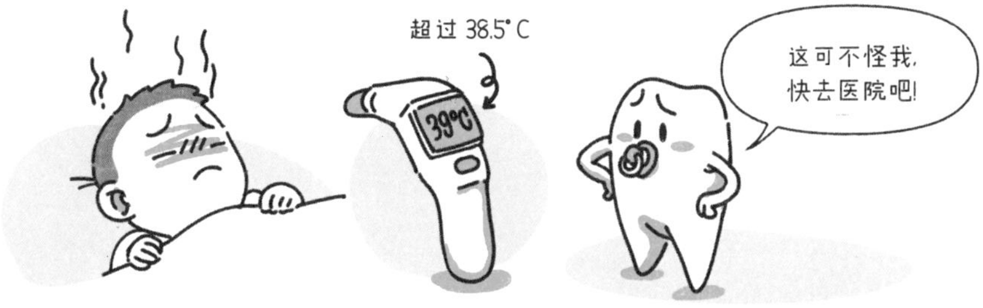

如何保护宝宝的乳牙？

知识点

- **乳牙严重龋坏，可能会影响恒牙发育。**
- **即使宝宝只有一颗牙，也要用指套牙刷认真刷。**
- **如果宝宝不配合刷牙，家长要引导，不要强迫。**

很多家长觉得，乳牙迟早要换掉，即便有龋齿也没关系。不，不！严重的乳牙龋齿很可能会影响恒牙发育！

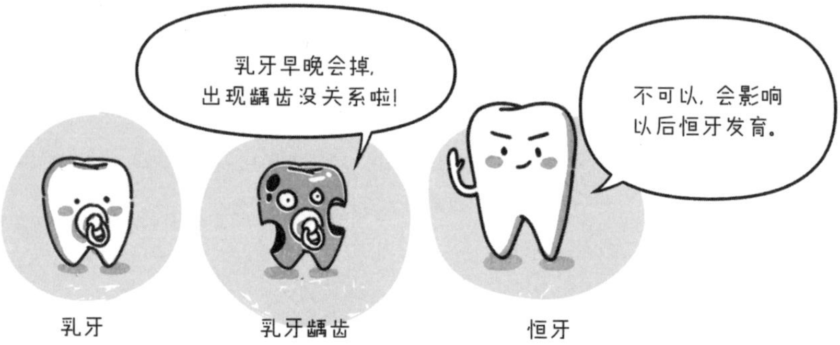

如果乳牙坏得太厉害，需要拔掉，相邻的两颗乳牙会逐渐挤占原本龋齿的位置，本来该长在这里的恒牙就没位置了。

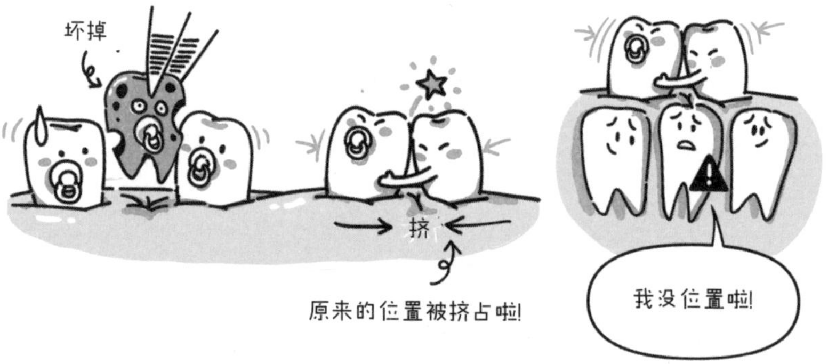

而乳牙的牙胚就在乳牙根部下的位置，如果乳牙龋齿波及牙根和牙周组织，也会影响恒牙健康。

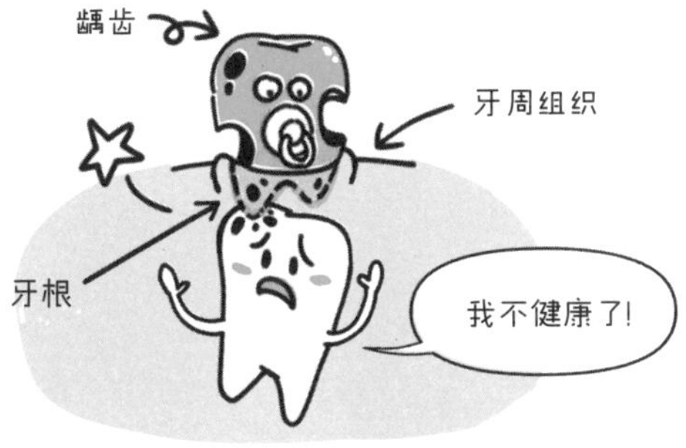

就算宝宝只有一颗乳牙，也要用指套牙刷坚持每天帮宝宝刷牙！家长要以身作则，让宝宝知道刷牙是必须做的事。

如果宝宝特别抵触刷牙，家长可以用说歌谣、讲绘本这样的方式引导，千万别用粗暴的方式强迫宝宝，否则他很可能会产生抵触心理。

宝宝爱磨牙怎么办？

知识点

- 磨牙可能和心理压力、出牙不适、兴奋过度有关。
- 磨牙会损伤牙齿，家长要帮宝宝改掉这个习惯。
- 如果因为心理原因磨牙，家长要尽量让宝宝放松。

宝宝磨牙可能和心理压力、出牙不适、兴奋过度有关系，也可能只是喜欢磨牙的声音和感觉。

磨牙是干磨，很容易把牙齿磨平、磨坏，对出牙不利。家长要找到磨牙的原因，帮宝宝尽量改掉磨牙的习惯。

如果宝宝因为牙龈不适而磨牙，可以给他准备牙胶或磨牙棒；如果是心理方面的原因，需要家长多花时间和宝宝玩，带他外出分散注意力。

如果宝宝常在睡觉期间磨牙，可能和脑神经过度兴奋有关系，白天要合理安排宝宝活动，尽量做到劳逸结合。

需要注意的是，临睡前别让宝宝太兴奋，别跟他玩太激烈的游戏，可以唱摇篮曲、用轻柔的语调为宝宝讲些温馨的故事，让他安静地入睡。

怎么教宝宝刷牙？

知识点

- 可以让宝宝选择喜欢的牙刷，增加兴趣。
- 父母的示范要细致，节奏适宜，方便宝宝模仿。
- 宝宝自己刷牙后，父母还需再帮助清洁一遍口腔。
- 如果宝宝特别抵触自己刷牙，可以隔几天再试。

从宝宝第一颗乳牙萌出后，家长就要开始给他刷牙。等宝宝到了一岁半左右，精细运动能力发育得越来越成熟，家长就可以开始尝试教宝宝自己刷牙。

为了让宝宝对刷牙有兴趣，可以先带他去商店，选购喜欢的牙刷和漱口杯，也借此帮助宝宝建立“要开始自己刷牙”的仪式感。

每次学刷牙时，爸爸妈妈都要认真示范，让宝宝模仿动作自己刷。家长示范时要注意细节和节奏，动作可以尽量夸张一些，让宝宝更愿意学习。

通常，宝宝练习到 2 岁半左右，就能基本熟练掌握刷牙动作。不过为了保证清洁效果，每次宝宝自己刷完牙后，家长都要再帮忙进行一次彻底清洁。

开始练习刷牙时，如果宝宝确实不喜欢，非常不配合，可以先暂停几天再尝试。最好不要强迫宝宝，避免产生严重的抵触情绪。

第三部分

关于运动

运动是宝宝生长发育过程中关注率居高不下的话题，趴、坐、爬、站、走、捏、拿……究竟该如何锻炼宝宝的大运动、精细运动？

宝宝可以做被动操吗？

知识点

- **被动操多用于帮有神经系统、运动功能障碍的宝宝康复。**
- **不同于抚触，被动操需要在医生指导下进行，随时评估效果。**
- **家长盲目给宝宝做被动操，可能损伤他的肌肉、韧带、关节等。**

对于神经系统、运动功能等出现障碍的宝宝来说，做被动操有助于恢复，不过具体的方案要由医生根据宝宝情况制订。

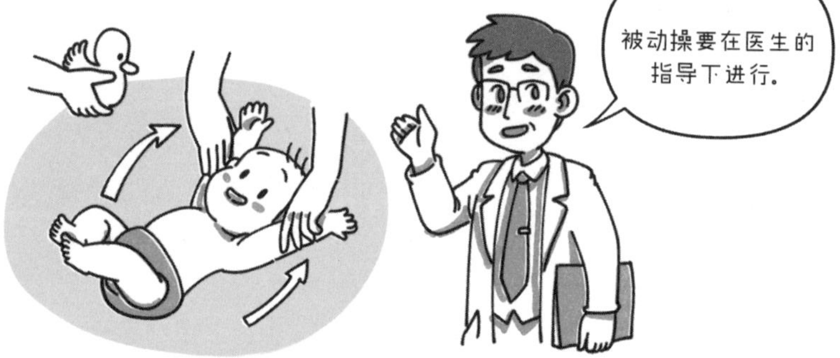

通常，医生会对宝宝进行全面检查，确定被动操的动作、动作的力度、运动的频次等，并且需要定期复查评估被动操效果，给出下一阶段运动计划。

被动操和日常推荐的抚触不同，它是一套严谨的、有科学依据的训练，需要在医生的指导下进行。

如果家长盲目为宝宝做被动操，很有可能会因为操作方式不当、力度不对等损伤宝宝的肌肉、韧带、关节，这就得不偿失啦。

所以，家长不能盲目给宝宝做被动操，尤其是健康宝宝，日常多做抚触、多互动玩耍才是正道。

宝宝趴卧需要注意些什么？

知识点

- **对新生儿来说，最有效的锻炼方式是趴卧。**
- **趴卧不仅能锻炼大运动，还能锻炼精细运动。**
- **练习趴卧要注意循序渐进，应慢慢增加时长和频率。**

新生宝宝颈部肌肉力量很弱，要想练习俯卧抬头，除自身运动能力发育，更重要的是坚持适度锻炼，而最有效的方式是趴卧。

趴卧可是个好“招式”，不仅能帮宝宝练抬头，还能练精细动作。毕竟为了撑起身体趴得更稳，宝宝需要把小手张开，这是为以后发展精细动作做准备。

足月健康的宝宝出生后就可以开始趴，也可以等到满月再练习。起初每次趴 2~3 分钟，到宝宝 3 个月左右，每次延长到 15 分钟，每天趴两次。

趴卧练习要在宝宝清醒、精力充沛时进行，注意避开宝宝困、累和刚吃饱的时候。练习时，家长要严密看护，确保安全。

为了让宝宝觉得趴着更有趣，爸爸妈妈可以准备些玩具和他互动。不过千万记得坚持自愿原则，尊重宝宝的意愿，避免揠苗助长。

如何帮宝宝锻炼精细运动？

知识点

- 小月龄宝宝锻炼精细动作，可以从练俯卧抬头开始。
- 摇铃等玩具能帮宝宝练习抓、捏、拿等精细动作。
- 当宝宝可以拿起小颗粒物品时，家长要注意安全防护。

小月龄宝宝锻炼精细动作的最好方式是趴卧。为了俯卧抬胸时撑起身体，宝宝原本紧握的小拳头会慢慢张开，用整个手掌撑住床面，为精细运动打基础。

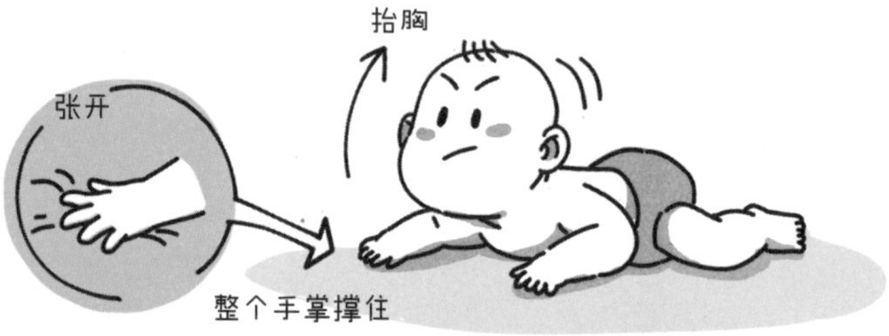

宝宝的手指能张开后，就会开始练习抓、捏、拿、传等动作，这时候家长可以准备摇铃等玩具，让宝宝练习手部精细动作。

也可以多带宝宝去户外活动，让他在大自然中多接触花花草草，触摸不同手感的物体来锻炼精细运动。

在宝宝触摸或者把玩物品时，只要没有安全隐患，家长最好不要干涉，以保护宝宝探索兴趣，并在宝宝顺利完成任务时及时鼓励。

随着宝宝能拿、捏的物品越来越小，家长要注意小心看护，避免宝宝误吞，或者把小物件塞进鼻孔、耳道里。

超前做大运动锻炼为什么不好?

知识点

- 大运动练习要尊重宝宝意愿，不要强迫练习。
- 医生的检查动作属于专业操作，家长不要随意模仿。
- 让小月龄宝宝在大人腿上蹦跳，可能会因为保护不当造成损伤。

大运动发育是个水到渠成的过程，并非越早越好。过早强迫宝宝坐、站、走，可能会影响脊柱、下肢的正常发育。

家长应了解宝宝的发育规律，在他有意识地自主练习坐、爬、站、走这些大运动时，提供练习机会和适当帮助就好，千万别强迫训练。

有些家长看到医生会架住宝宝的腋下让他站立，就误以为日常也可以让宝宝练这个动作。其实这是医生的检查手法，主要看宝宝神经发育情况。

医生的检查动作需要经过专业训练才能操作。家长没有足够的相关医学知识和技能，一旦操作不当可能会损伤宝宝的骨骼和肌肉。

有些四五个月大的宝宝比较好动，喜欢站在大人的腿上蹦跳。其实宝宝这时候骨质很软，肌肉力量比较弱，如果大人保护不当，有可能造成损伤。

宝宝大运动发育顺序是什么样的？

知识点

- 可以参考大运动发育时间表，评估宝宝的大运动发育情况。
- 某项大运动没有发育好，要从前一个大运动开始练习。
- 要尊重宝宝的发育规律，不要强求超前发育。

宝宝六项大运动发育时间表提供了六项大运动发育的规律，家长可以做参考，初步判断宝宝的大运动发育情况。

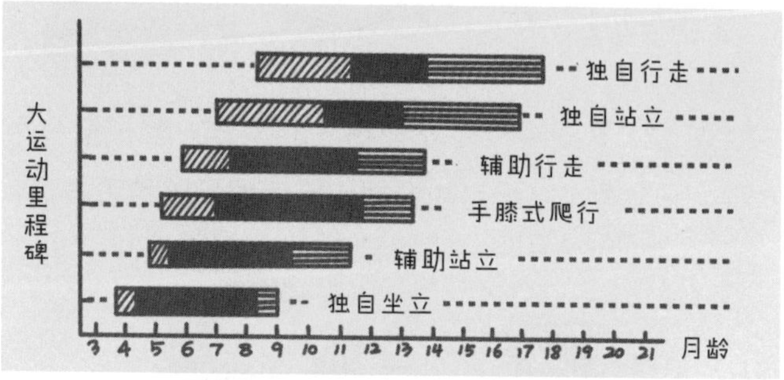

宝宝六项大运动发育时间表

表里的黑色区域表示大多数宝宝都能掌握这项大运动的时间段，斜线区域和横线区域代表的是少数宝宝的发育情况。左边的斜线区域说明宝宝发育是超前的；右边的横线区域则代表发育迟缓，家长要积极查找原因，多给宝宝提供机会练习。

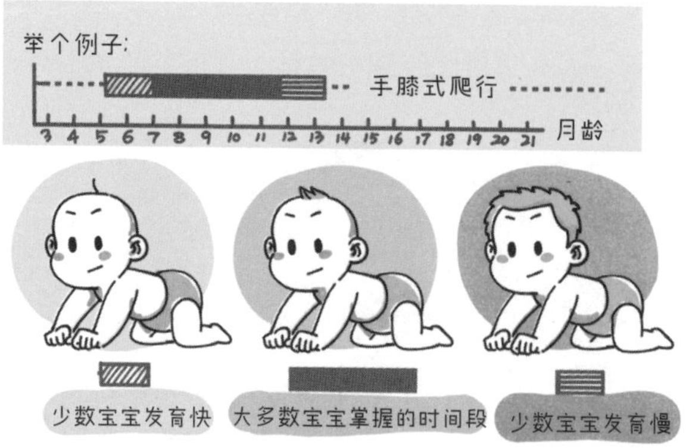

练习时，爸爸妈妈最好关注宝宝对前一阶段大运动动作的掌握情况，因为当前的大运动掌握得不好，很可能是前一个技能不熟练。

大家要知道，宝宝的发育存在个体差异性，要尊重他的发展规律，别一定强求要超前发育，才觉得没有“输在起跑线上”。

宝宝大运动“坐”如何发育？

知识点

- 宝宝学坐，要经历靠坐、扶坐、独坐三个阶段。
- 真正意义上的“会”某个动作，是要宝宝能独立熟练完成。
- 家长可以适当提供练习机会和给予引导，但是别强迫训练。

4~6 个月的宝宝可以靠在大人怀里坐一会儿，爸爸妈妈可以用手撑住宝宝的背部、腰部帮助练习，也可以用靠垫辅助，不过每次练习时间别太长。

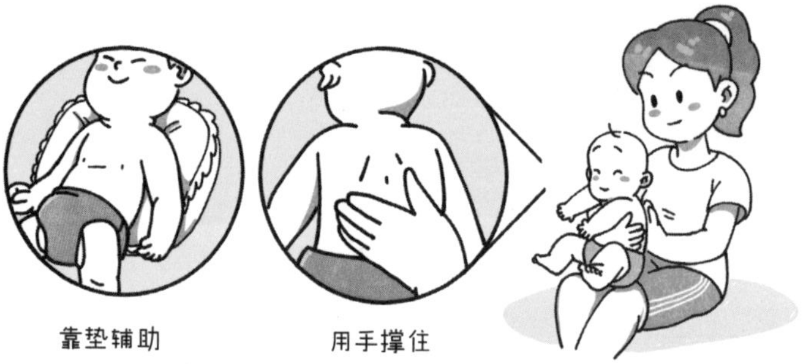

6~7 个月的宝宝可以依靠自己的双手支撑坐起，背部能挺直并保持一定的平衡。家长可以在宝宝面前放些色彩鲜艳的玩具，吸引他用手去抓。

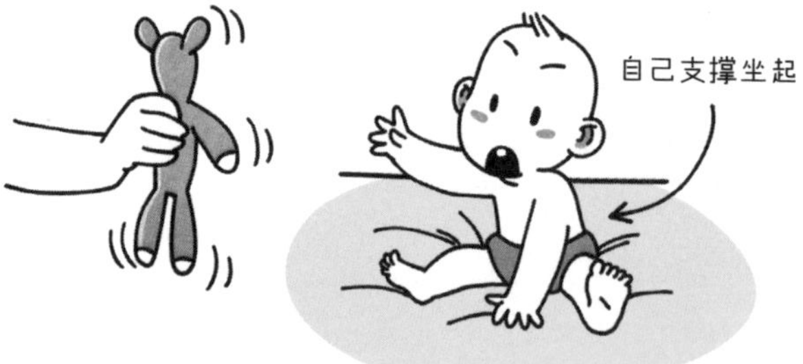

通常，大部分宝宝 8 个月左右能够学会独坐，并且在坐姿下双手拿东西。家长可以多和宝宝玩耍互动，用游戏帮他熟练掌握坐的技巧。

需要注意的是，真正意义上的“会”是指宝宝能在不同的动作之间自由转换，只是短暂地保持某个动作，或者需要家长帮助才能完成，都不算是“会”。

帮宝宝练习时，爸爸妈妈可以提供机会、进行引导，但是千万别控制、训练，不然宝宝骨骼和肌肉还没发育好，却被强行要求做“超纲”动作，是会造成损伤的。

宝宝大运动“爬”如何发育?

知识点

- 匍匐爬、向后爬、先会站后会爬，这些在学爬期都是正常的。
- 家长可以多用玩具吸引宝宝向前爬，锻炼腰腹肌肉力量。
- 练习爬时，最好在软硬适中的地垫上进行，并保证周围环境安全。

很多宝宝在 6 个月左右会表现出爬的欲望。起初动作可能不是很标准，只能用匍匐的方式前行，还没办法做到手膝爬行。

有些宝宝可能会倒退着爬，这种情况也是正常的，家长可以在宝宝面前放些小玩具，吸引他向前爬。

对有些宝宝来说，爬和站这两个大运动的发展次序可能会颠倒，这是正常的。家长可以多用玩具吸引宝宝爬，锻炼腰腹肌肉力量。

体检时，医生会让宝宝保持趴卧的姿势，用手顶住他的小脚掌，观察宝宝是否有爬的欲望。这属于检测项目，家长不要推宝宝脚掌强迫他爬。

为宝宝提供一个宽敞、安全的练习环境，最好是在地板上铺上软硬适中的爬行垫，清走周围锋利、易碎以及绳索状物品。

宝宝什么时候可以扶站？

知识点

- 当宝宝能独立坐稳，很想尝试站立时，家长可以帮助练习扶站。
- 起初可以让宝宝扶着床、椅子练站，然后慢慢撤掉支撑。
- 如果宝宝站立时仍习惯脚尖着地，说明还不到练站的时机。

当宝宝能够主动扶站时，说明他的腰前曲已经形成了，而且腿部的肌肉力量已经能够支撑身体的重量。

如果宝宝已经能独立坐稳，并且非常想尝试站立，家长可以轻拉宝宝的小手，为他提供站起来的助力。但千万不要用力拉起宝宝，以免造成肌肉或骨骼损伤。

家长可以给宝宝提供床、椅子等比较稳固的物体，让他扶着练习站立。不过最好在宝宝周围放上柔软的垫子，以免跌倒磕碰受伤。

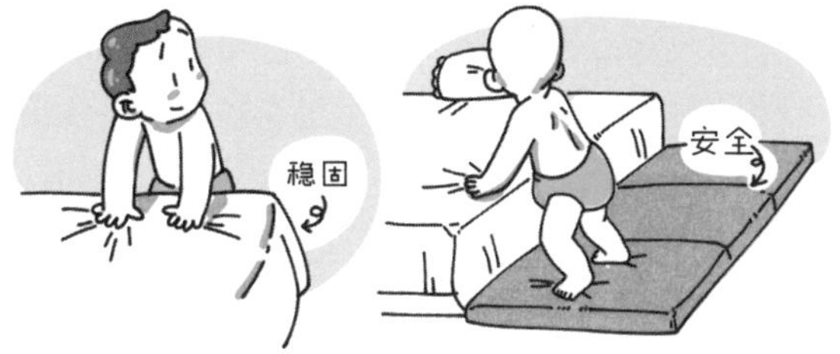

当宝宝能够熟练地扶站时，家长可以慢慢撤掉支撑物，让他尝试独自站立。注意需要做好保护措施，让宝宝有足够的安全感。

如果宝宝还习惯脚尖着地，这时候练习站立可能对足弓和下肢发育产生不良的影响，这种情况下可以让宝宝先多练习爬行。

帮助宝宝学步，哪些工具比较好？

知识点

- **当宝宝开始练习走路时，可以准备一双学步鞋。**
- **学步车不仅无法达到学步的目的，还容易导致 O 形腿。**
- **当宝宝能够站立且想要学走路时，可以使用助步车。**
- **学步带的主要作用不是帮助宝宝学步，而是保证安全。**

宝宝坐上学步车，双腿不能蹬直站立，容易导致 O 形腿。学步车会悠着宝宝向前走，对学步没有帮助。而且车速难控制，容易发生冲撞、摔倒等意外事故。

学步带的主要作用不在于帮助宝宝学步，而是保证学步时的安全。家长可以利用带子给宝宝向后或向上的牵引力，帮他维持平衡。当宝宝会走后，也可以用来限制宝宝活动范围，远离危险。

助步车车身有一定重量，比较稳定，且车速不快。宝宝推着走，既能提供一定支撑，又可以练习走路。

学步鞋让宝宝在学步初期适应穿鞋走路的感觉。

怎样为宝宝选择鞋子？

知识点

- 让宝宝穿学步鞋，能够帮助他尽快适应穿鞋走路。
- 学步鞋的形状要与宝宝的脚形相匹配，不要一味追求样式好看。
- 宝宝生长发育较快，家长要定期给宝宝换新鞋。

关于是否在宝宝学站学走时穿鞋，说法不一。有人认为赤脚能够刺激脚底触觉神经，促进触觉发育，还能锻炼身体协调性。

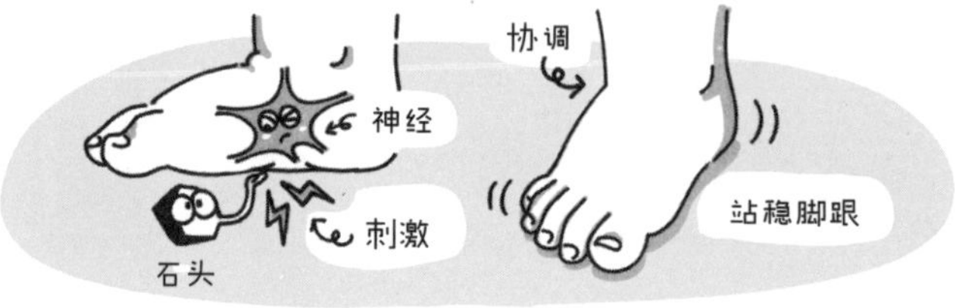

也有人认为，穿鞋走路时脚趾并拢，赤脚走路时脚趾张开，两种情况下所用肌肉和受力点都不同，让宝宝穿学步鞋，能够帮助宝宝尽快适应穿鞋走路。

选择学步鞋时，要注意鞋子的形状与宝宝的脚形相匹配，不要一味追求样式好看；鞋帮不能太高，以免高鞋帮卡伤脚踝。

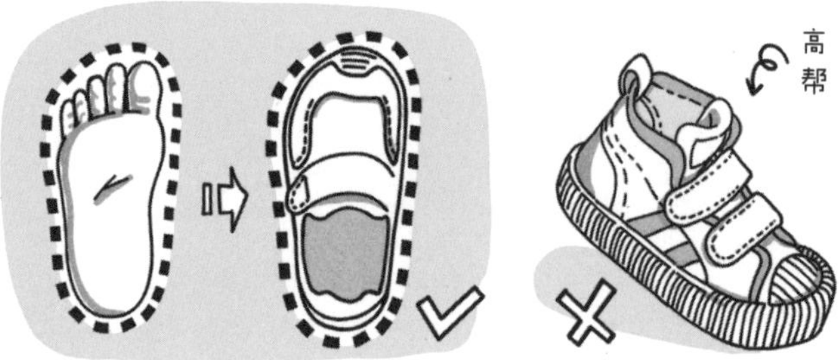

学步鞋材质应确保安全，无异味；软硬度合适，鞋面柔软保护小脚丫，后帮和鞋头相对稍硬提供有力支撑；透气性好，避免脚丫出汗，出现不适。

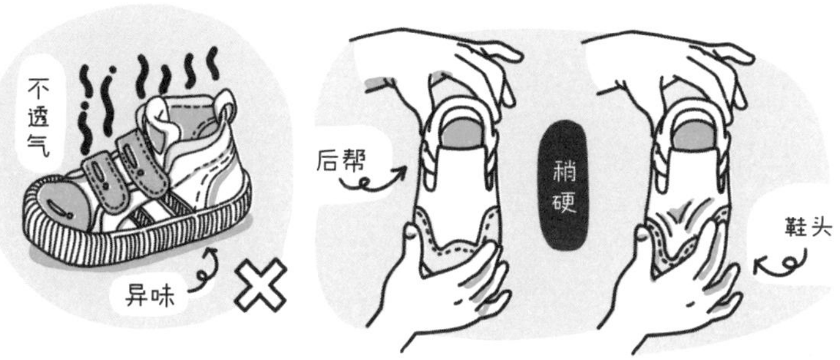

鞋底的防滑性要好，保证宝宝走路安全；鞋底不能太软，以给宝宝良好的支撑。可用手按压前脚掌测试，还可以像拧衣服一样拧鞋子，检查鞋子是否会变形。

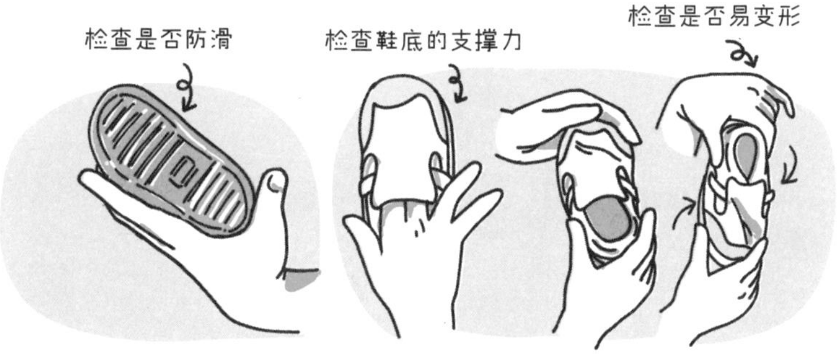

选择学步鞋，合适的尺码非常重要。让孩子赤脚踏在一张白纸上，在最长的脚趾处做标记，然后在脚跟处做标记，再测量最长脚趾到脚跟的直线距离，即为脚长。一般来说，夏季鞋子要比脚长 0.5 厘米，冬季长 1 厘米。

试穿鞋子是否合适，最好让宝宝穿上袜子试，因为大多数情况下孩子是要穿着袜子穿鞋的。另外，试鞋要站着试，以确保脚趾不蜷缩。

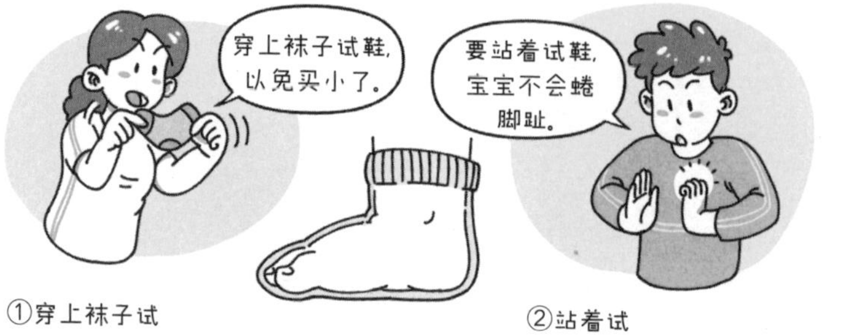

试鞋子时，如果家长能够捏起一点儿鞋面，说明宽度比较合适；如果沿鞋边能摸到宝宝的脚趾和脚骨外侧有点儿突出，则说明鞋子太窄。如果家长的小手指塞进宝宝的脚后跟和鞋后帮中间的空隙正好，且扶着宝宝走几步，宝宝没有拖着鞋走，则说明鞋长正合适。

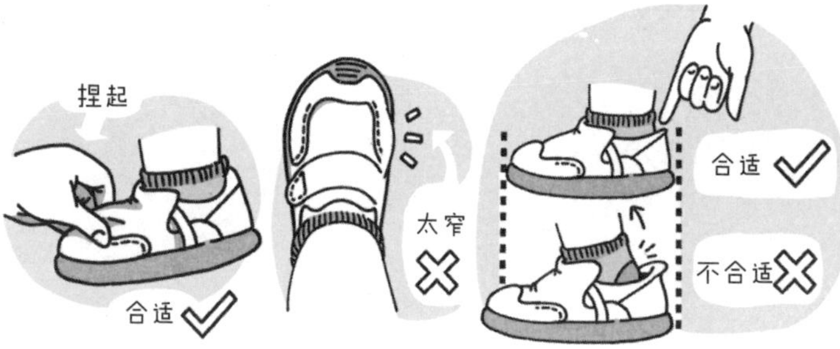

宝宝生长发育较快，家长要定期给宝宝换新鞋。一般来说，宝宝生长高峰期时，每 6~8 周就要考虑更换鞋子，最长每 3~4 个月就需要更换。但每个宝宝的发育速度不同，建议家长每个月检查一下尺码。

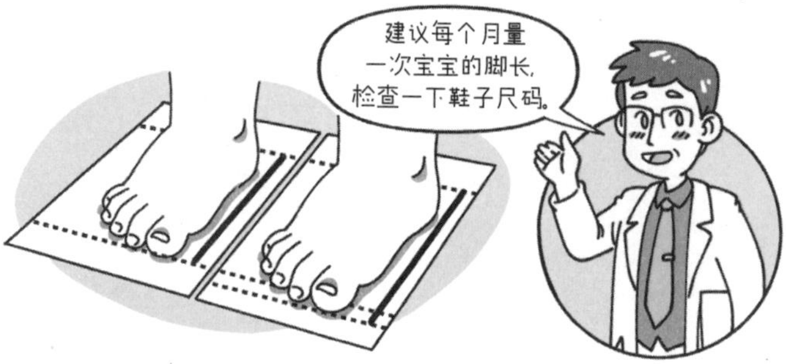

检查尺码是否合适时，如果发现宝宝脚后跟到鞋后帮的距离不到家长小手指的一半宽，或者宝宝的脚后跟、脚面有勒痕，则说明需要换新尺码了。不建议给宝宝买大尺码的鞋子，这样不利于宝宝行走。

需要提醒的是，不建议给宝宝穿“二手鞋”，即使没有明显破损，鞋子底部也很可能已经发生变形，鞋子的承托力减弱，不适合再次穿着。

第四部分

日常护理

宝宝从娇弱的小婴儿慢慢长大，其中需要家长太多的细心护理。正确的脐带护理、洗澡、剪指甲、洗手……你可以吗？

如何抱起和放下宝宝?

知识点

- **新生宝宝软绵绵的，抱起放下时都要注意技巧。**
- **无论是抱起还是放下宝宝，都要注意护好脖颈位置。**
- **如果必须要竖抱新生宝宝，要保证他趴伏在家长身上。**

抱起仰卧的宝宝时，家长可以先俯身用一只手托住宝宝的头颈部，另一只手托住宝宝的小屁股。

托住宝宝小屁股的手缓缓向上移动，直到托住宝宝的头颈部。然后，另一只手顺势从头颈处慢慢向下移动，让双手交叉，像摇篮一样把宝宝托在怀里。

轻轻抽出托着宝宝头颈部的手，让他的头顺势枕在另一只手臂的臂弯处。为了稳妥起见，抽出来的手可以轻轻扶住宝宝身体。

如果家长想让宝宝靠在自己肩膀上，抱起时可以用一只手扶住宝宝的头颈，另一只手托住他的小屁股，同时身体前倾，让宝宝正面与自己身体贴合后，再慢慢直起身。

抱起俯卧的宝宝时，家长可以先把宝宝一侧手臂沿着身体捋平，然后用自己的小臂固定住宝宝的这条手臂，同时将另一只手放在宝宝肩膀上。

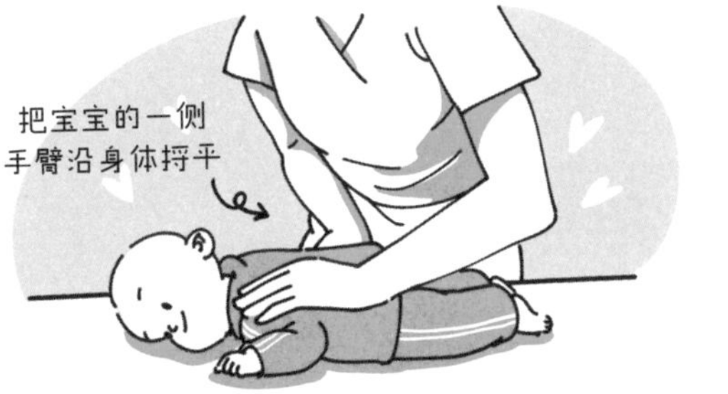

用扶住肩的一只手轻轻搬动宝宝，帮助他翻到仰卧的姿势，然后再按照抱仰卧姿势宝宝的方法慢慢抱起即可。

准备放下宝宝时，家长要先慢慢靠近床面，俯下身体，然后将宝宝的小屁股轻轻放在床上。之后，再将宝宝的身体缓缓地放在床上，整个过程中注意托稳宝宝的头颈部。

俯下身体
托稳

当宝宝完全平躺后，抽出托在他屁股下面的手，然后再用这只手稍稍抬高宝宝的头颈，顺势将被宝宝枕住的那只手抽出。

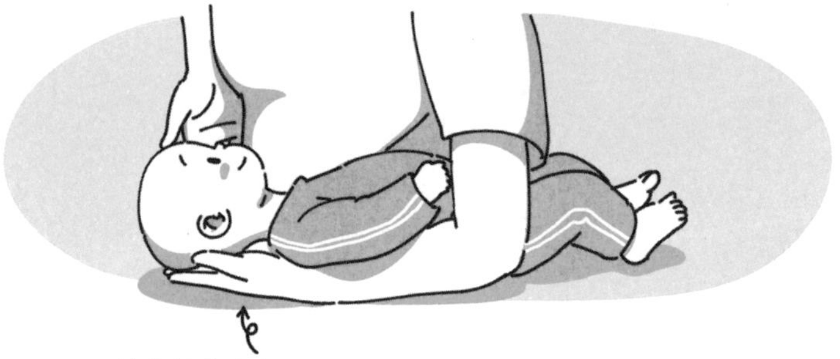
抽出托住宝宝屁股的手，
用它稍抬宝宝的头颈，
最后抽出另一只手

如何给宝宝换纸尿裤？

知识点

- **为避免尿布疹，要及时为宝宝更换纸尿裤。**
- **如果宝宝大便了，要先清理大便再更换新纸尿裤。**
- **脐带未脱落的宝宝要避免纸尿裤摩擦脐部。**

为避免宝宝得尿布疹，宝宝大量排尿后要及时更换纸尿裤。如果纸尿裤上有尿显线，可以观察尿显线来判断饱和程度。

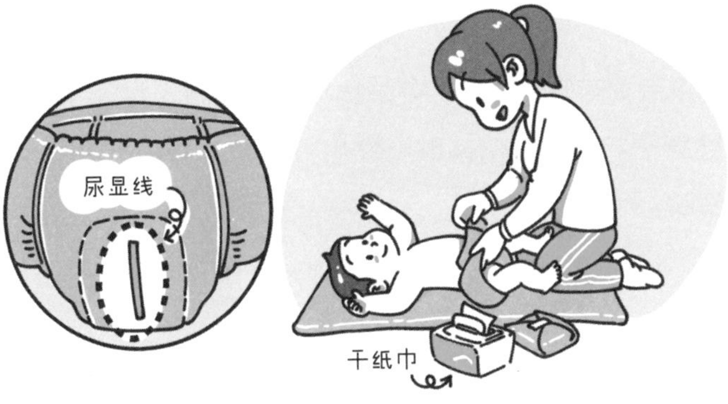

如果宝宝只是小便，可以在撤掉纸尿裤后微微提起宝宝双腿，将打开的干净纸尿裤有腰贴的一头垫在屁股下，纸尿裤的边缘要能盖过腰部。

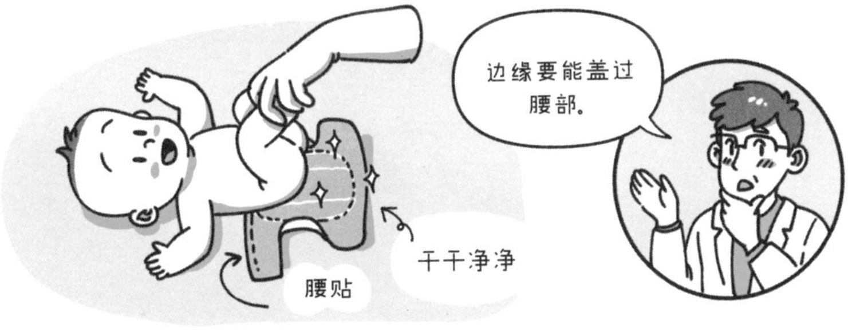

适当分开宝宝的双腿，把没有腰贴的一头拉到宝宝腹部，调整纸尿裤的位置。

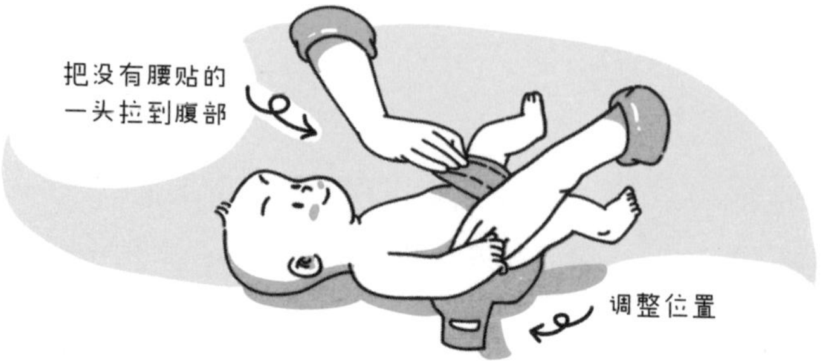

打开纸尿裤两侧的腰贴，一手轻按住纸尿裤，另一手拉起一侧腰贴，贴合宝宝腰身粘好。另一侧采取同样的方法粘好腰贴，纸尿裤要完全包裹住宝宝的屁股。

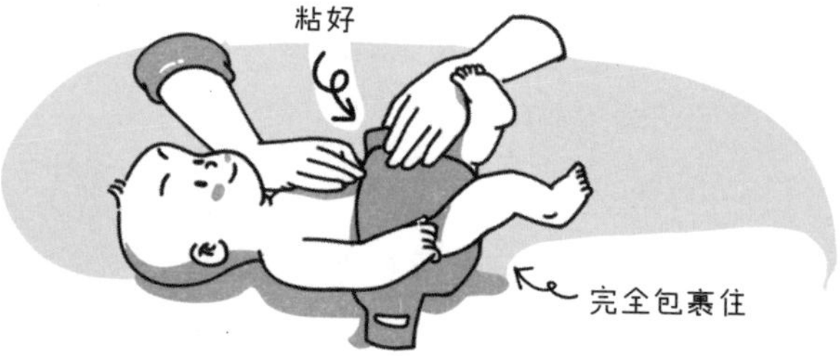

要注意保证纸尿裤松紧适度，以能把两根手指自如塞入纸尿裤为宜。

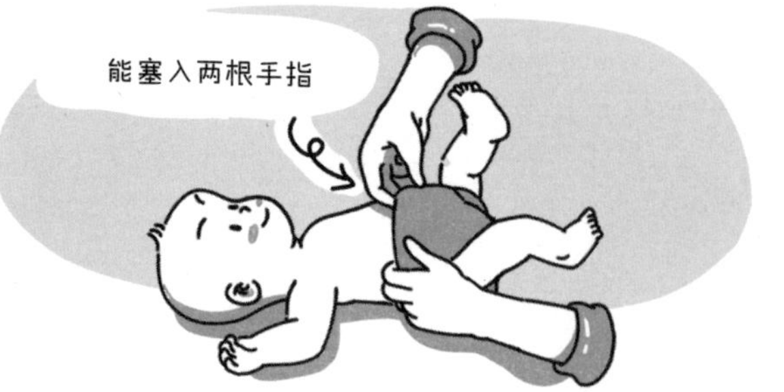

调整宝宝大腿根部的防侧漏边，可以用手指顺着大腿根部从前向后捋一圈，让纸尿裤和宝宝屁股更好地贴合。

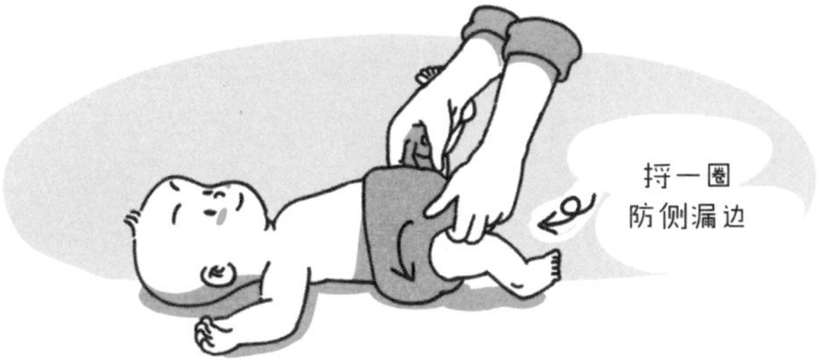

如果宝宝脐带还没有脱落，要将纸尿裤上边缘向外折好，保证它距离脐部有 1 厘米左右，避免纸尿裤摩擦脐部引起肚脐发炎。

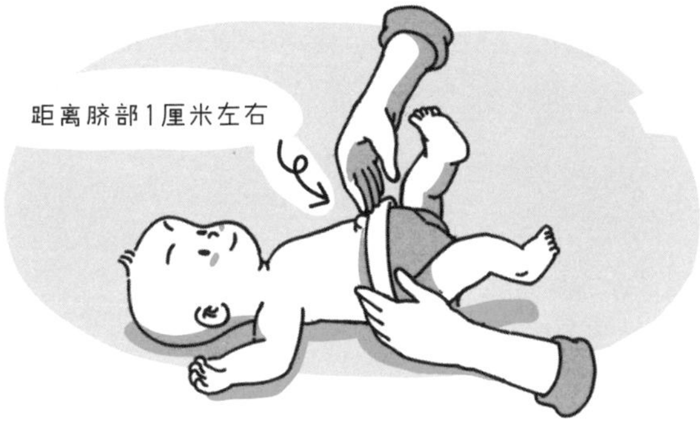

如果纸尿裤中有大便，要先将腰贴打开后向内折叠，然后微提起宝宝双腿抬起小屁股，将脏纸尿裤对折后取走。之后将大便清理干净，再换上干净纸尿裤。

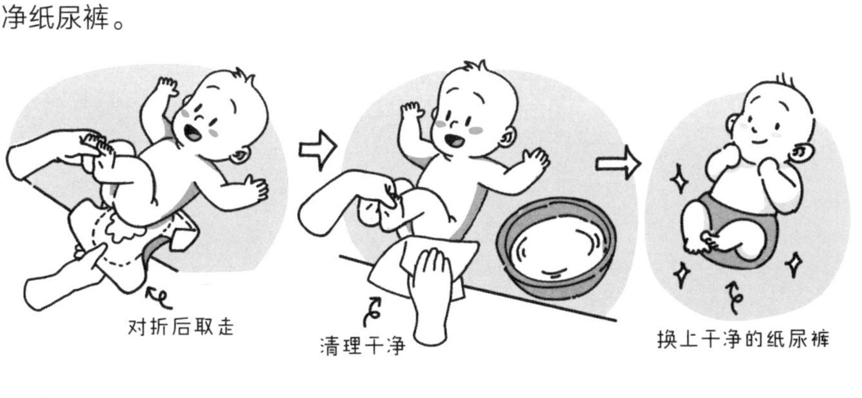

如何给宝宝穿开身衣服？

知识点

- 新生宝宝的衣服最好选择开身款式，便于穿脱。
- 为宝宝穿衣服时，动作要轻柔，避免用力拉拽。
- 衣服穿好后，注意理平褶皱，让宝宝更舒适。

为新生宝宝穿衣服的确是个技术活，不过新手爸妈只要按照步骤多练习，很快就可以熟练掌握。第一步，把干净的衣服展开铺平，然后把宝宝抱到上面。

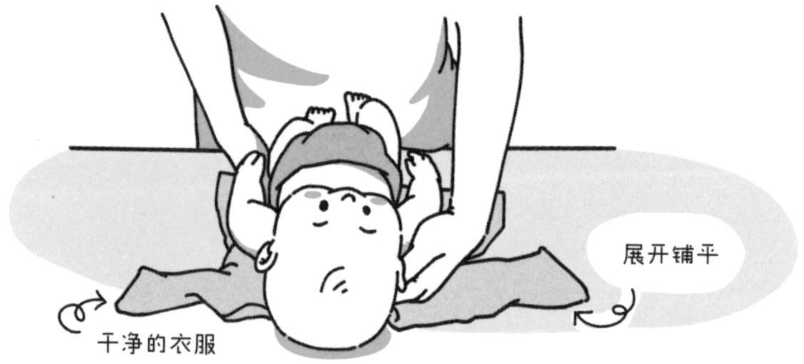

第二步，把袖口堆成圆环状，家长先把自己的手指从袖口伸到衣服腋窝处，然后用另一只手握住宝宝手腕，帮他微曲肘关节后把手放入袖筒，再从袖筒中抽出来。

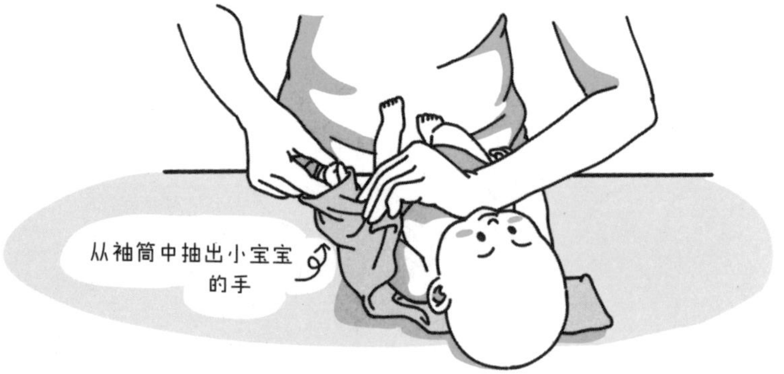

第三步，用同样的方式将另一只衣袖穿好。别忘了帮宝宝将两只袖子整理平整。

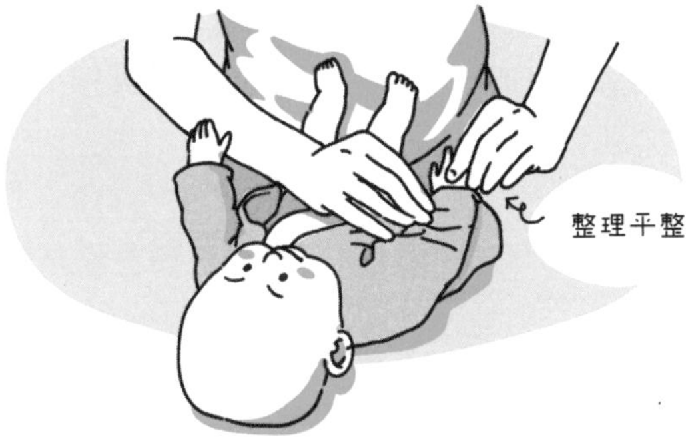

第四步，为宝宝系好衣服的绑带或扣好按扣。注意扣按扣时要用手指夹住扣子，不要直接按下去，以免压迫宝宝身体。

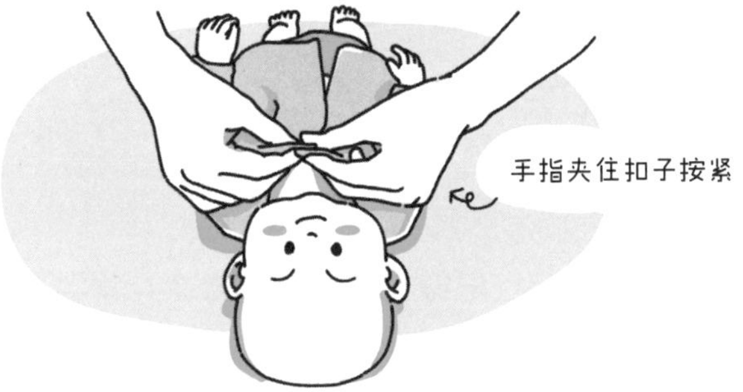

最后，用一只手托稳宝宝的头颈，然后轻轻抬起他的上半身，顺势用另一只手将宝宝背部的衣服理平整。

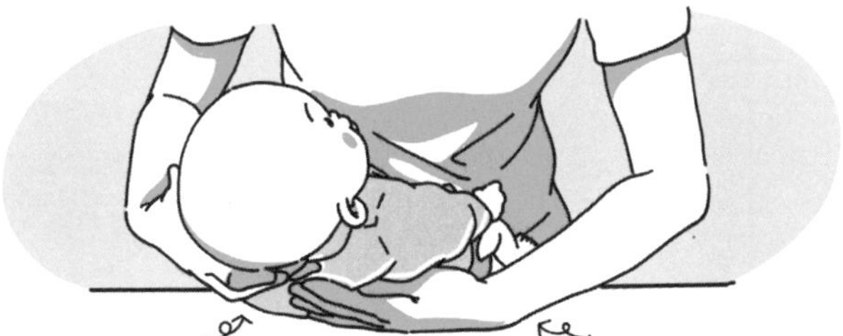

如何给宝宝洗澡？

知识点

- **洗澡前要准备好物品，并调好室温。**
- **洗澡水的温度最好控制在 38℃左右。**
- **宝宝入水前，可以先洗好脸和头发。**
- **洗澡时，可以按从上到下、从前到后的顺序。**

俗话说，工欲善其事，必先利其器。爸爸妈妈在给宝宝洗澡前，要记得先准备好物品。

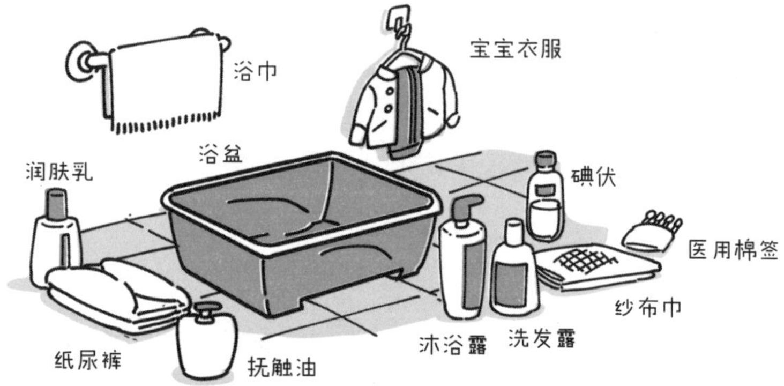

室温以 26℃左右为宜。记得不要让宝宝待在对着空调出风口的地方，并关好门窗。冬天可以先打开电暖气或者浴霸调节温度，如果是灯暖浴霸，洗澡时要关掉，以免伤到宝宝眼睛。

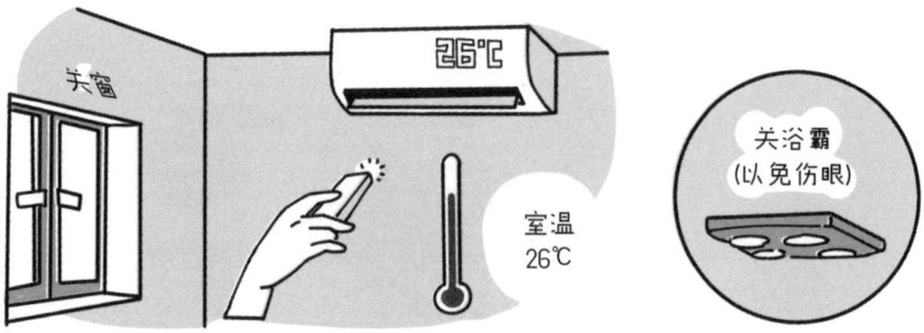

洗澡水的温度要控制在 38℃左右，可以用水温计或者手肘测温，水的深度以 5~8 厘米为宜。

洗澡前，可以先给宝宝洗脸，用一只手托住他的头部，并用前臂支撑好，然后用浸湿的纱布巾为宝宝擦净小脸。

接下来洗头发，用纱布巾浸水淋湿宝宝的头发，然后取适量的洗发露，揉搓起泡后，再冲洗干净并擦干。洗头的全程记得用手指将宝宝的耳郭向前折并轻压住，以免耳道进水。

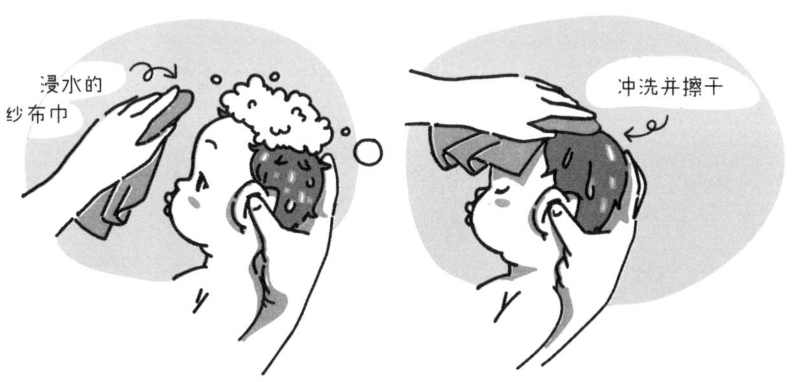

之后为宝宝脱掉衣服和纸尿裤，让宝宝以半躺的姿势浸入水中，用手或纱布巾淋水，按照从上到下、从前到后的顺序为宝宝清洗，注意要始终用一只手托好宝宝避免溺水。

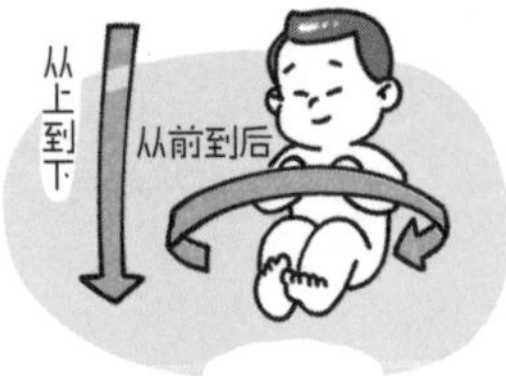

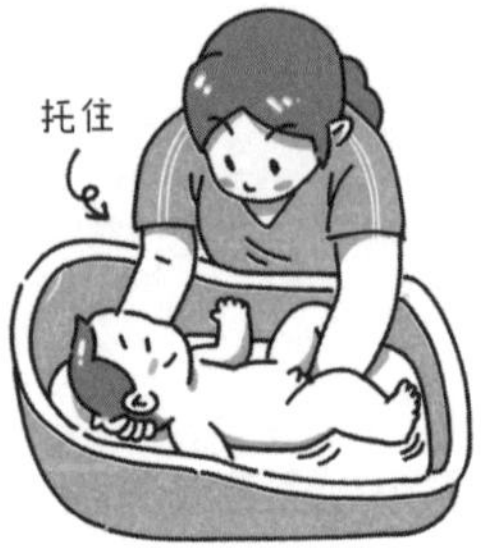

给宝宝洗干净后，家长可以一手托住屁股、一手托住头颈把宝宝抱起，然后迅速把宝宝放在准备好的浴巾上，并且包裹严实。

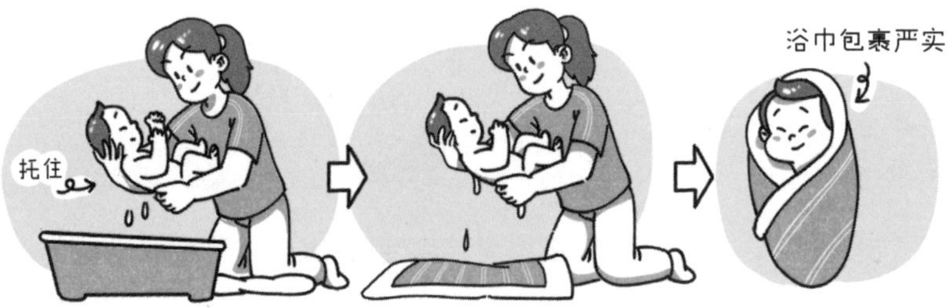

随后要立即将宝宝抱到床上或者尿布台上，并轻轻蘸干水分，注意不要用力揉擦，以免损伤宝宝娇嫩的皮肤。

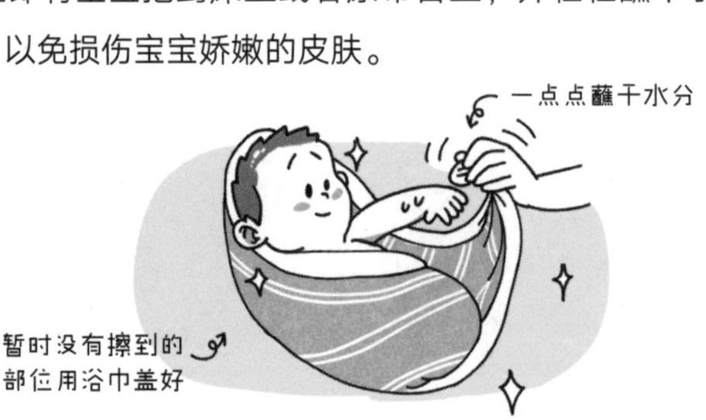

待宝宝身体完全擦干后，家长再将浴巾打开，避免宝宝因身上的水分迅速蒸发而着凉。

如果宝宝脐带尚未脱落，家长可以用医用棉签蘸取碘伏，为脐带消毒清洁。之后可以根据宝宝的接受度，给他涂抹润肤乳或者抚触油，并开始抚触。

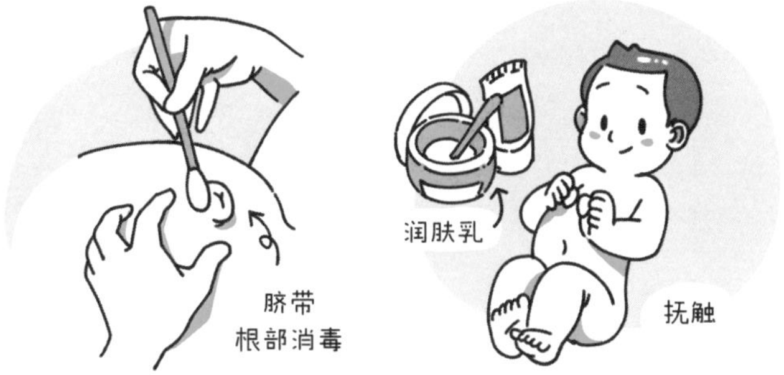

全部流程完毕，就可以给宝宝穿上干净的纸尿裤，换上干净的衣服了。需要提醒的是，对于小宝宝来说，每周洗澡 1~2 次，每次以 5~10 分钟为宜，而且不用每次都使用沐浴露等用品。

宝宝的脐带如何护理？

知识点

- **新生儿脐带脱落前，要每天坚持早晚消毒。**
- **脐带脱落后仍有一个愈合过程，也应每天消毒。**
- **不推荐使用红药水、紫药水给脐带消毒。**
- **如果肚脐出现红肿、化脓等情况，要及时就医。**

新生宝宝的脐带残端在脱落前，每天早晚要坚持消毒。操作时，家长要洗净双手，然后提起结扎脐带的细绳，用医用棉签蘸碘伏擦拭脐带根部。

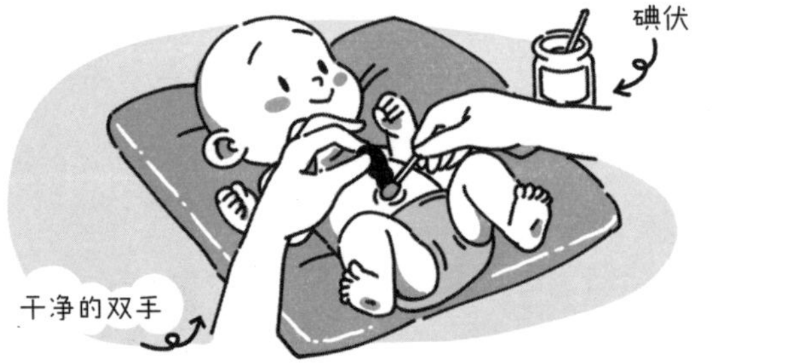

擦拭时注意尽量将棉签探到肚脐内部，擦拭后再用干净的棉签将脐窝里残留的液体蘸干，保证这个部位干燥，避免感染。

脐带残端脱落后，肚脐会经历湿润→干燥→结痂→结痂脱落的过程。在结痂前，脐窝可能仍然会有液体渗出，只要肚脐没有红肿或化脓就不用担心。

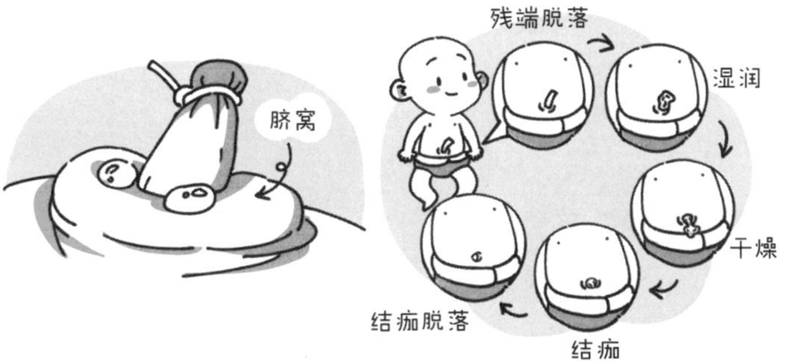

为了防止感染，脐带残端脱落后，脐窝仍然需要每天消毒 1~2 次，持续 1 周左右，直到脐窝处的结痂脱落，表面皮肤完全恢复正常。

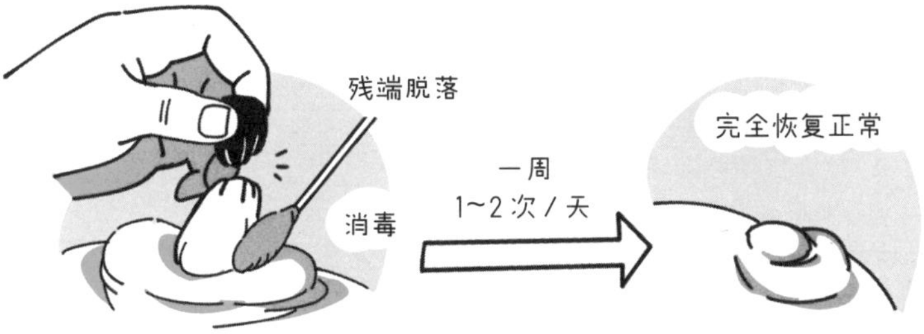

宝宝脐带残端脱落前穿纸尿裤时，要将纸尿裤前面的边缘向外翻折，避免摩擦肚脐，或让肚脐沾到尿液引发感染。

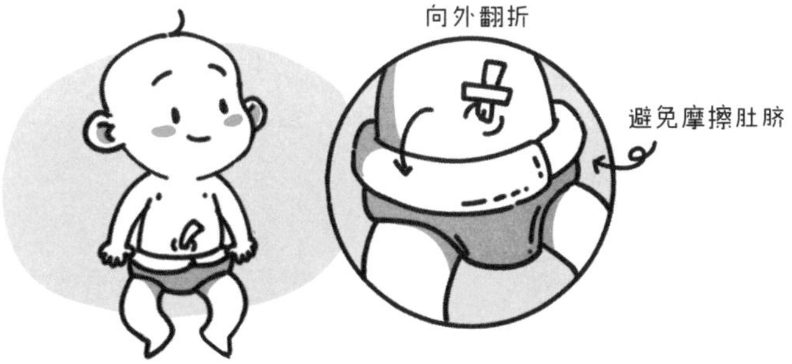

在肚脐完全愈合前，每次给宝宝洗澡时，要尽量避免肚脐沾水。洗澡后，要及时用棉签或棉球蘸干脐窝里的水。

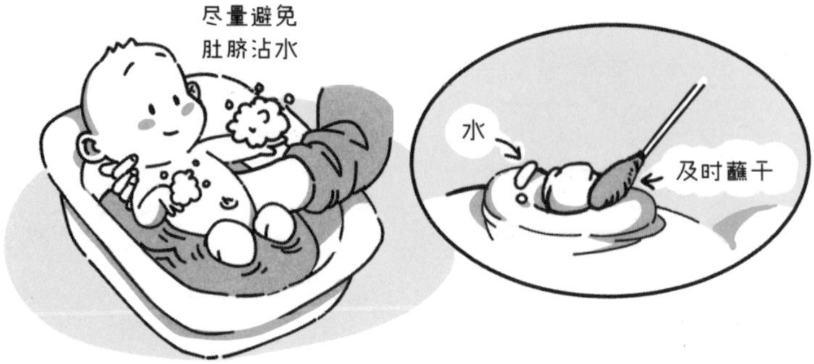

不要用紫药水或红药水给脐带消毒，以免深色药水掩盖肚脐异常分泌物的颜色，而且紫药水的干燥作用仅限于皮肤表面，不适合给肚脐消毒。

如果宝宝肚脐周围发红，并且有大量的液体渗出来，或者散发出异味，要及时带宝宝就医。

乳痂如何护理？

- **小月龄宝宝头上通常会有乳痂。**
- **宝宝通常不会因此感到不适，但可能会损伤毛囊，需及时清理。**
- **如果宝宝的面、颈等部位出现了类似乳痂的硬皮症状，需及时就医。**

知识点

小月龄宝宝头上通常会有一种类似于头皮屑的物质——乳痂，这是一种头皮脂溢性皮炎，难清洗，头上出汗后乳痂会增多。

乳痂通常在宝宝 1 周岁内出现，宝宝一般不会感到不舒服，但它影响头部皮肤的正常呼吸，甚至损伤毛囊，需要及时清理。

如果乳痂不严重，可以涂抹适量的润肤剂比如矿物油或凡士林等，稍后轻轻按摩一下就能够去除。

如果油脂比较厚，甚至变成褐色的斑块，可以延长润肤剂在头皮上的浸润时间，乳痂软化后用宝宝专用洗发水洗头，之后再用软刷或细齿梳子轻轻梳头发。如果乳痂经过上述处理没有改善甚至加重，或者宝宝的面部、颈部等部位出现了类似乳痂的硬皮症状，需要及时带宝宝就医。

怎样给宝宝做抚触？

知识点

- **抚触对宝宝好处多多，要由父母亲自操作。**
- **抚触时最好脱掉衣物，但实际操作应考虑宝宝的接受度和环境温度。**
- **抚触的顺序及动作不是固定的，可以根据宝宝的喜好调整。**

抚触能有效刺激宝宝的大脑中枢神经系统，带给宝宝安全感，增进亲子关系。所以，抚触要由爸爸妈妈亲自来做。

抚触开始前，要把室温调到 26°C 左右，准备好替换衣物、干净的纸尿裤、温和无刺激的抚触油（不必每次都用）。

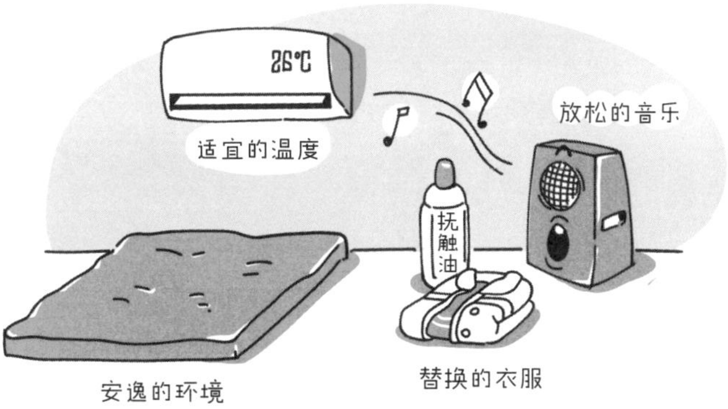

家长要修剪整齐指甲，摘下手上的饰品，用温水清洁双手。如果准备使用抚触油，可以提前取适量涂抹在手心揉搓至发热。

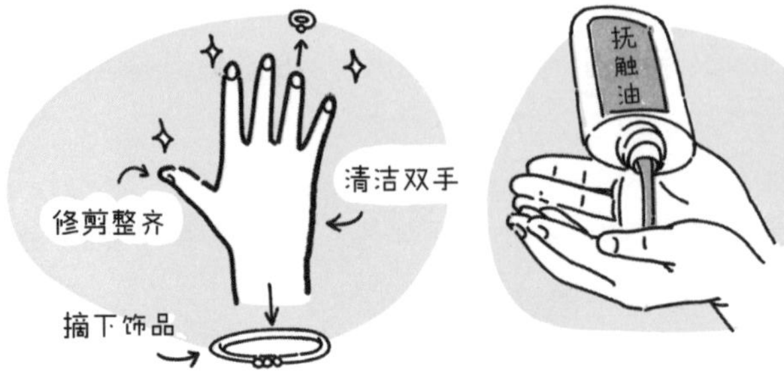

头部

第一步，双手四指分别放在宝宝前额上，用指腹在前额从中间轻轻向外推；第二步，用双手拇指指腹，从眉心处轻轻向外推；第三步，双手拇指放在宝宝上唇，沿唇线用指腹从中间向外轻推，再沿下唇线从中间向外轻推；第四步，双手四指指腹从耳轮起，顺耳根自上向下慢慢推至耳垂处。

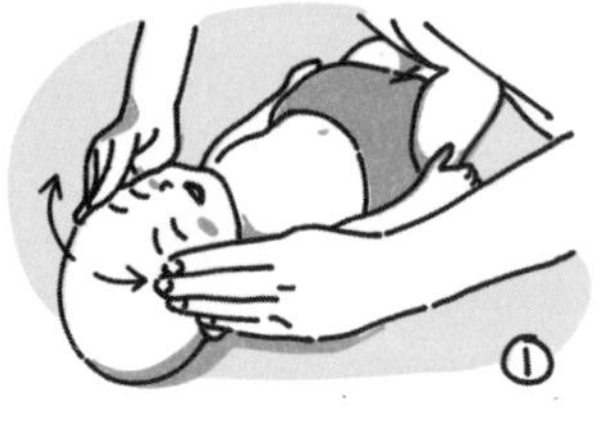

用双手四指指腹向外轻推

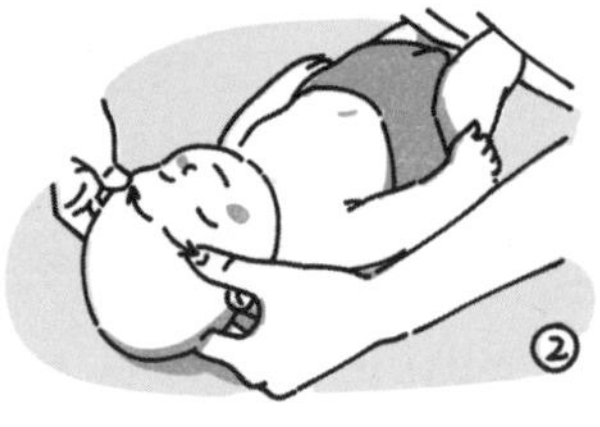

用双手拇指指腹向外轻推

用双手拇指指腹向外轻推

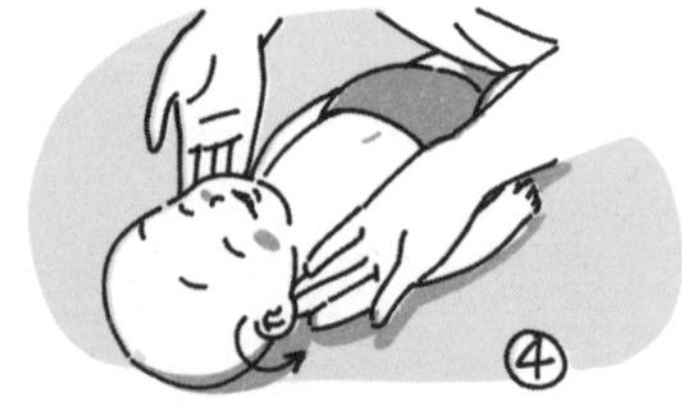

用双手四指指腹从耳轮推至耳垂

胸部

双手掌心朝下放在宝宝胸部两肋上方，轻轻抚过胸部，分别滑向两肩，然后慢慢推至身体两侧，最后双手重新回到胸部两肋边缘，重复 3~4 次。

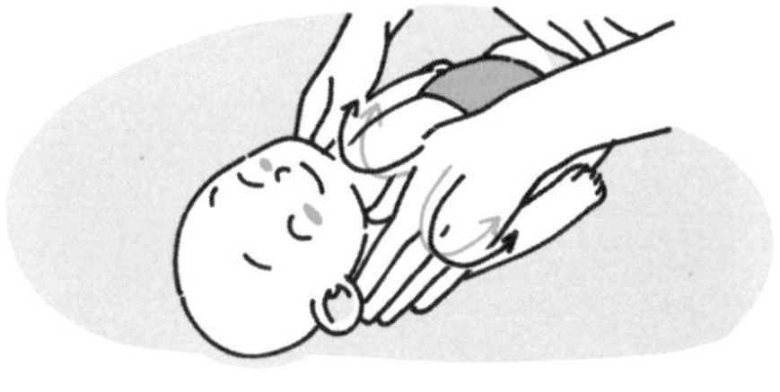

滑向两肩，推至身体两侧

腹部

将手掌放在宝宝腹部，沿顺时针方向画圈，动作要轻柔。避开宝宝的肚脐。

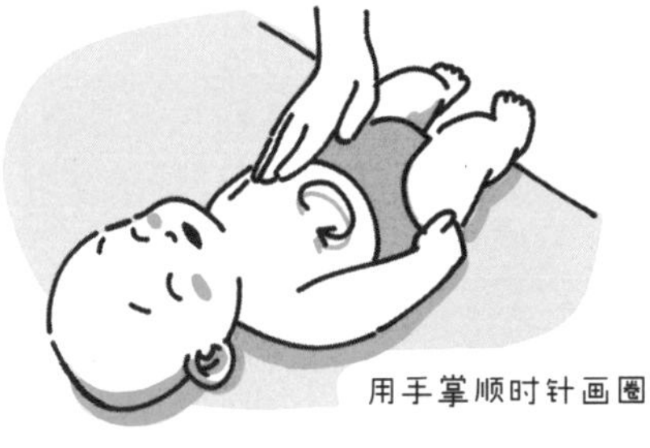

用手掌顺时针画圈

胳膊和双手

单手握住宝宝手腕，另一只手从其腋下轻轻抚摸到手腕处。舒展开宝宝的一只小手，用拇指轻抚他的手掌，然后用相同方法按摩另一只小手。

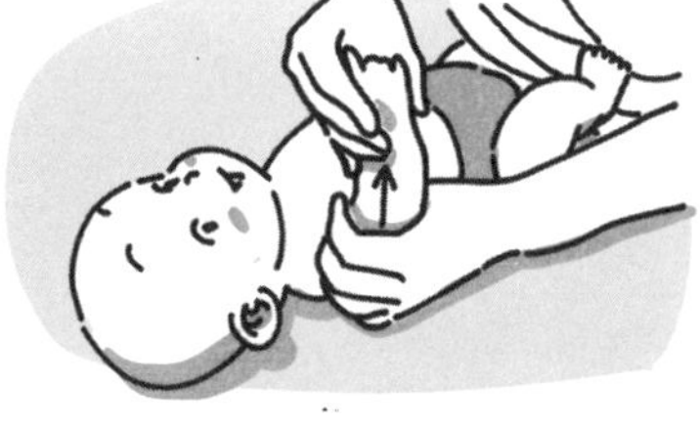

从腋下抚摸到手腕

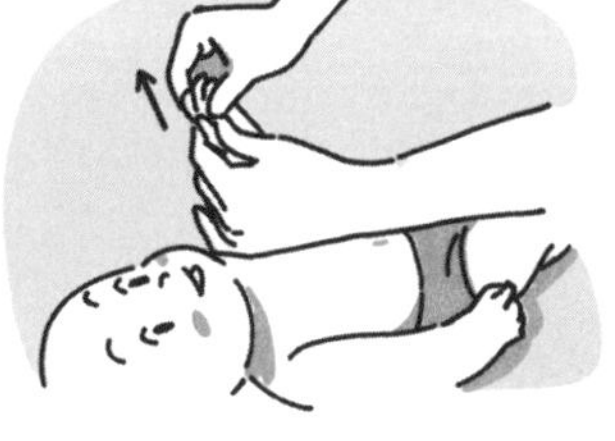

用拇指轻轻按摩手掌

腿部和双脚

单手握住宝宝的一只脚踝，另一只手从宝宝的大腿根部轻轻抚摸到脚踝。单手托住宝宝的一只脚，用拇指从脚后跟轻轻地点压到脚趾（或从脚趾到脚后跟）。然后用同样的方法抚摸另一侧的腿和脚。

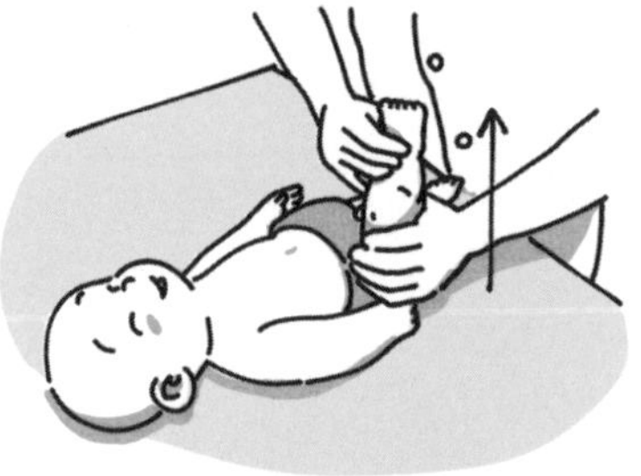

从大腿根部抚摸到脚踝

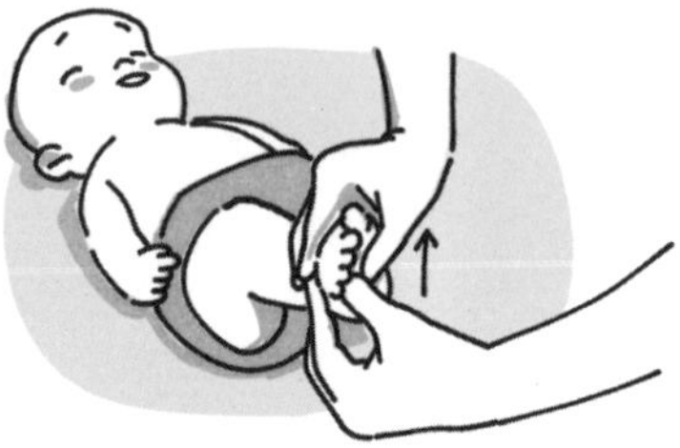

从脚后跟点压到脚趾

背部

让宝宝俯卧，双手手掌伸开，四指并拢，沿顺时针方向抚摸宝宝背部，重复 3~4 次；注意避开脊柱位置。五指张开呈梳子状，用指腹由宝宝颈部向下轻轻抚摸。

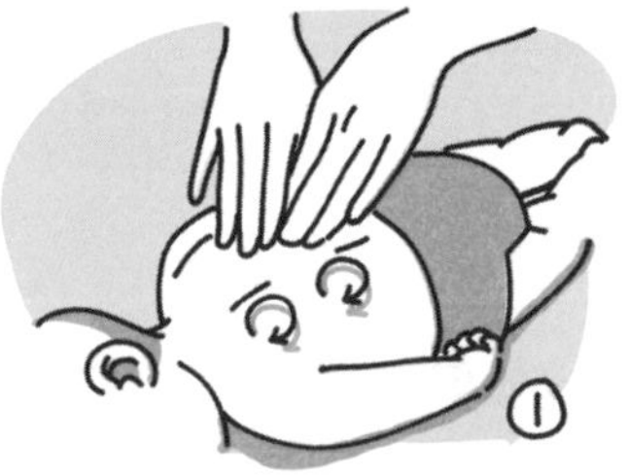

四指并拢，顺时针抚摸

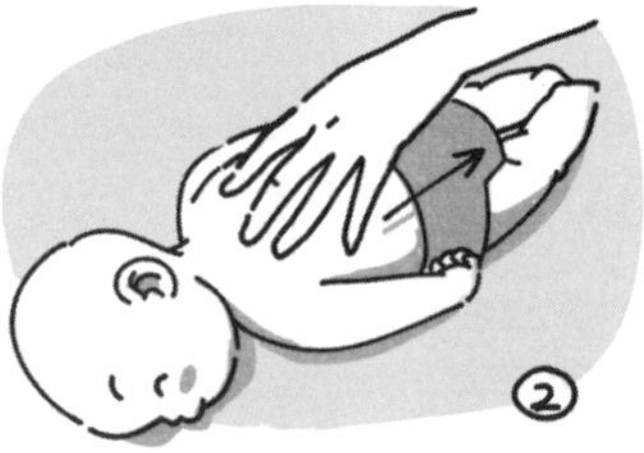

五指张开，用指腹向下抚摸

需要注意的是：操作时动作要和缓，通过轻轻抚摸（不要按压和揉搓）将温度和爱传递给宝宝。抚触时间不宜过长，每次 5~10 分钟，每天 1~3 次，以孩子的接受度为准。

能给宝宝使用安抚奶嘴吗?

知识点

- **安抚奶嘴能够帮助小婴儿获得安全感、缓解不适。**
- **宝宝最好在出生至少 3 周后再使用安抚奶嘴。**
- **大多数宝宝会在 6~9 个月大时自主戒掉安抚奶嘴。**
- **若宝宝到 1 岁还依赖安抚奶嘴，家长要帮助他有意识戒除。**

吮吸能够帮小婴儿获得安全感，而在肠胀气、饥饿、疲惫、烦躁时，吮吸也能帮助平复情绪、缓解不适，因此对 1 岁以内的宝宝来说，安抚奶嘴是个很好的工具。

宝宝对安抚奶嘴的大小和形状要求各不相同，父母可以多给宝宝准备几款试用。如果宝宝始终拒绝，可以尝试在安抚奶嘴上涂抹乳汁或配方奶吸引宝宝。

通常，建议宝宝在出生至少 3 周后再使用安抚奶嘴，目的是让宝宝先习惯妈妈的乳头，避免出现乳头混淆，影响母乳喂养。

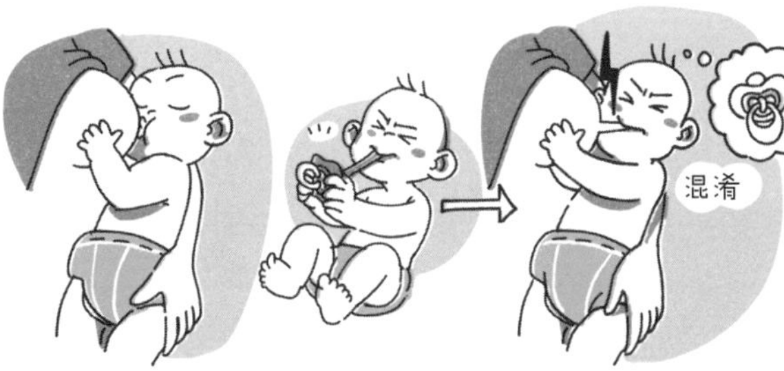

使用时，不要用细绳把安抚奶嘴拴在宝宝身上，特别是在睡眠期间，避免宝宝扭动身体时被绳子缠住脖颈引发意外。

安抚奶嘴使用后要用清水冲洗并充分晾干，不用额外使用任何清洁剂。不建议频繁用蒸、煮、烫等方式高温消毒，以免影响奶嘴使用寿命。

如果宝宝到了 1 岁还依赖安抚奶嘴，爸爸妈妈最好有意识地帮助他戒除，比如可以在长时间外出或旅游时故意不带安抚奶嘴，让宝宝逐渐适应。

如何为宝宝选择护肤品？

- **选择婴儿护肤品要安全、温和无刺激、保湿性强。**
- **不要给宝宝使用成人护肤品，以免刺激宝宝皮肤。**
- **给宝宝使用护肤品时，要事先检查宝宝的皮肤状况。**

知识点

婴儿护肤品种类很多，有乳液、润肤霜、润肤露、润肤油等。选择婴儿护肤品的总体原则是：安全、温和无刺激、保湿性强。

千万不要给宝宝使用成人护肤品，因为其中的美白、抗衰老、防晒等化学成分会刺激宝宝的皮肤。

要注意适合别人家宝宝的护肤品，不一定适合自家宝宝。比如，有的护肤品可能含有燕麦成分，对燕麦过敏的宝宝就不能使用。因此，家长需要结合宝宝的实际情况选择护肤品。

给宝宝使用护肤品时，要事先检查宝宝的皮肤状况。如果皮肤有破损，使用护肤品容易引发过敏，甚至出现感染。

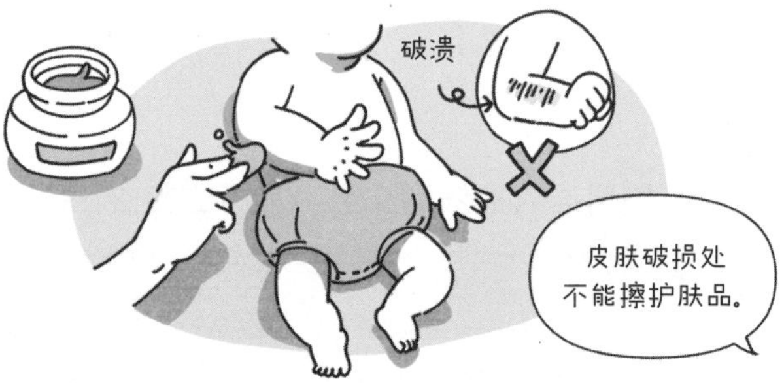

如果给宝宝尝试新的护肤品，要先在宝宝的耳朵后或者前臂内侧少量涂抹，观察是否有红、肿、痒等反应，安全后再大面积使用。

宝宝的囟门如何护理？

- **囟门闭合时间通常在宝宝一岁半，12~24 个月闭合都属于正常。**
- **囟门闭合过早或过晚都不好，对于异常情况家长要提高警惕。**
- **即便囟门未闭合，轻度按压也不会损伤脑组织，可以正常护理。**

知识点

通常所说的囟门是指宝宝头顶靠前位置，由两侧额骨与两侧顶骨之间的骨缝形成的菱形间隙，它会随宝宝长大逐渐被硬质骨头填上，实现闭合。

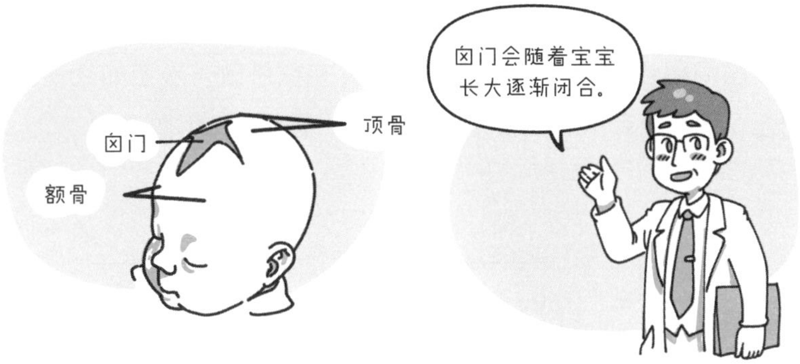

囟门大多在宝宝一岁半闭合，但因为发育的个体差异等，12~24 个月闭合都属于正常现象。

人的脑组织会顶着颅骨生长，囟门未闭合证明颅骨还在发育，给脑组织的生长留出了余地。如果闭合过早，可能引发大脑发育不良和神经系统问题。

如果囟门闭合过晚，可能是脑积水等疾病所致。宝宝如果两岁多囟门还未闭合，且头围异常，家长要引起重视，及时向医生咨询。

囟门并非弱不禁风，日常可以清洗，只是动作要轻柔。不过确实要避免用较硬、较热的东西接触囟门。

宝宝私处如何护理？

知识点

- **要认真对待宝宝的私处护理，避免泌尿系统感染。**
- **为男宝宝清洁私处时，不要上翻阴茎包皮，以免引起损伤。**
- **为女宝宝清洁私处时，要从前向后擦拭或冲洗。**

不管是男宝宝还是女宝宝，私处护理非常重要。护理不当，可能会引起泌尿系统感染，影响宝宝的健康。

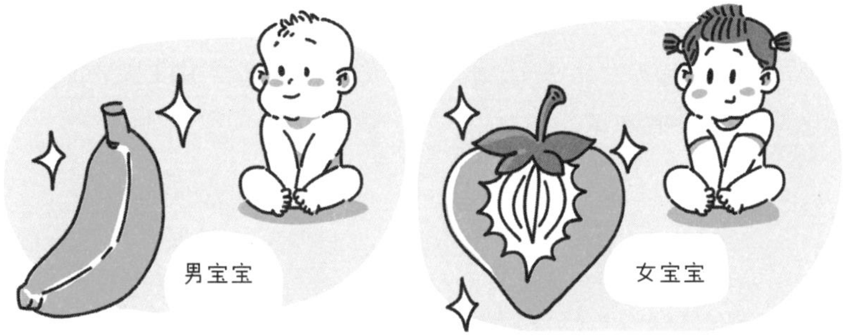

日常为男宝宝护理私处时，只需要用清水冲洗即可。不要为了清洁包皮褶皱处的皮肤而上翻包皮，以免造成损伤、局部肿胀甚至感染。

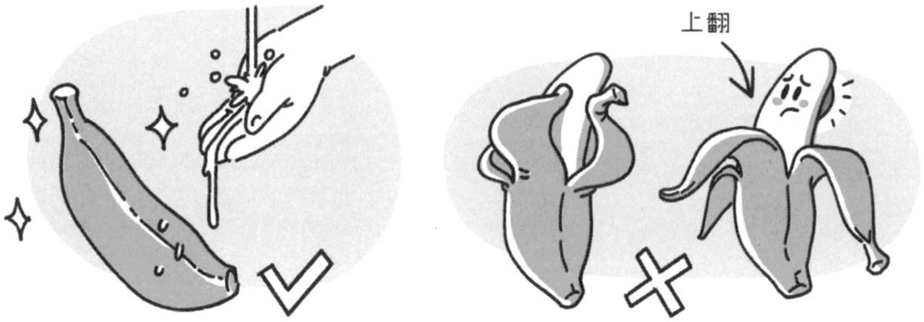

有些男宝宝的包皮和龟头间会有白色的包皮垢，很难用清水冲洗干净。这时候可以把橄榄油涂在包皮垢上，等待 1~2 分钟后再用浸满油的棉签轻轻擦拭。

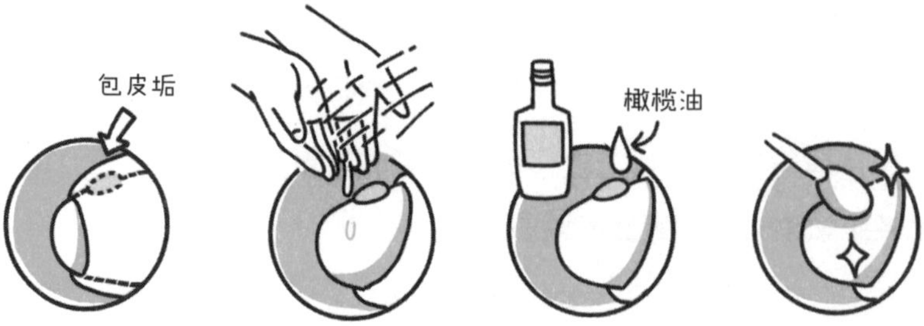

为女宝宝清洁私处时，要注意从前向后擦拭，或者用温水从上向下淋洗，把表面的附着物冲掉即可。

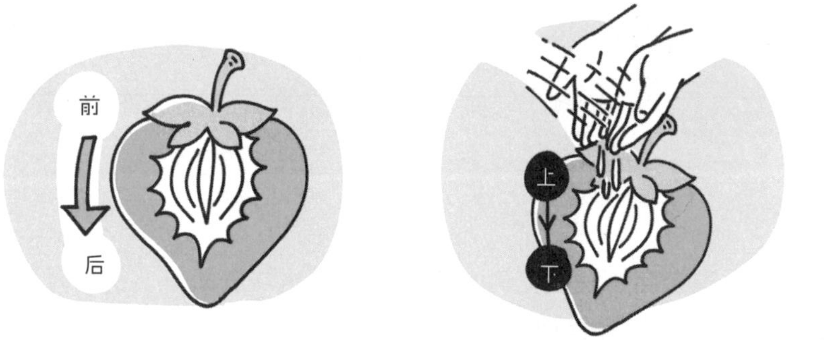

与男宝宝不同，女宝宝阴道的白色分泌物有抑菌、杀菌的作用，应该避免过度清洁，以免操作不当引起局部黏膜损伤，引起阴唇粘连。

如何给宝宝剪指甲？

· 给宝宝剪指甲前，要先选好适宜的工具。
· 最好选在宝宝睡着时剪指甲，并保证光线充足。
· 宝宝指甲不要剪得过短，以长方形为宜。
· 不要用尖锐物剔指甲，不要用手撕倒刺。

知识点

给宝宝剪指甲前要先了解各种工具的特点，再按需选择。

剪刀型

使用较方便，能把指甲边缘修整得较为平滑整齐。

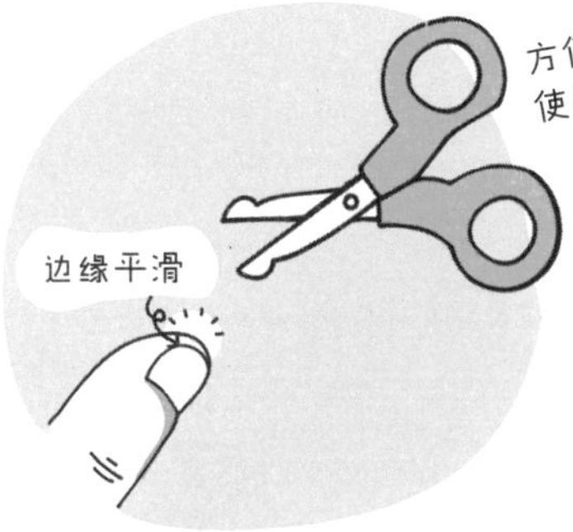

普通型

符合成人使用习惯，但因为分段剪下指甲，容易形成棱角。

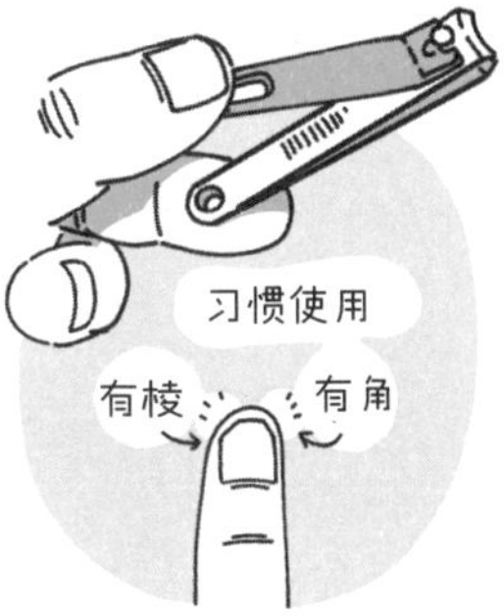

电动磨甲刀

可将指甲磨得较为平整，但新生宝宝指甲较软，略难操作。

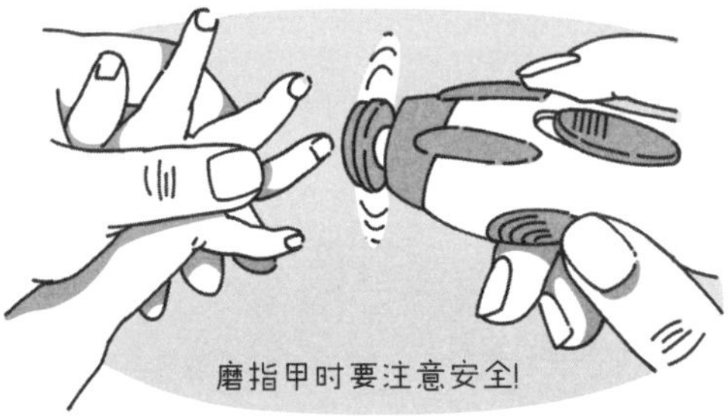

剪指甲最好选在宝宝睡熟后，避免他乱动影响操作，同时要注意保证环境光线充足。如果剪指甲时宝宝醒着并且表示抗拒，不要强行按住他的手操作，以免宝宝产生抵触情绪。

小宝宝的指甲最好修剪成长方形，顶端略带弧度，折角处修成圆角，长度能覆盖住指尖最外缘。不推荐将指甲剪成弧形，甲床两侧指甲太短，新长出的指甲易嵌进肉里。

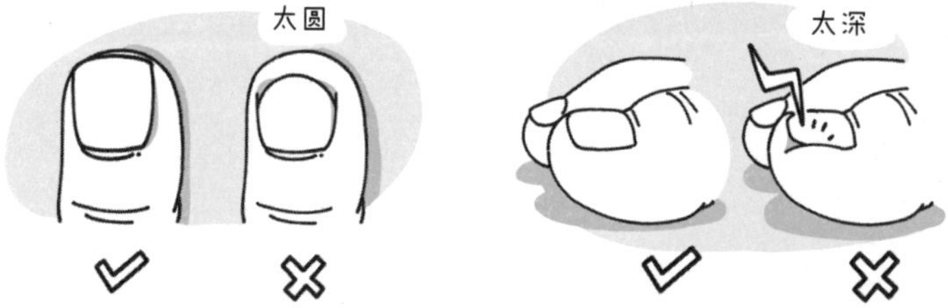

如果宝宝甲缝里较脏，应该用清水冲洗，不要用尖锐物去剔。如果手上有倒刺，也不要用手拉拽，要用指甲刀齐根剪掉。

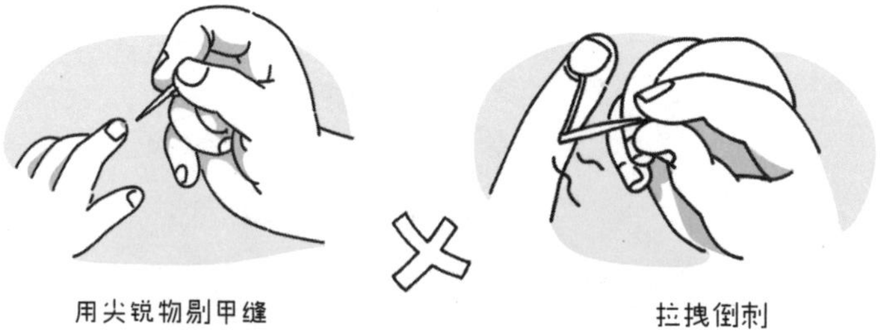

宝宝的耳朵如何护理？

知识点

- **用棉签掏耳朵可能会把耳垢推向耳道更深处。**
- **日常护理宝宝耳朵，只需用温热的毛巾清洁耳郭。**
- **耳垢较多时要请医生用滴耳液软化后再取出。**

很多家长看到宝宝的耳垢就想清理，其实它们能保护外耳道和鼓膜，而且，一般少量的耳垢会随着宝宝咀嚼、吞咽自行脱落。

如果用棉签等探入耳道给宝宝掏耳朵，不仅有弄伤耳道的风险，还有可能把耳垢推向耳道更深处。

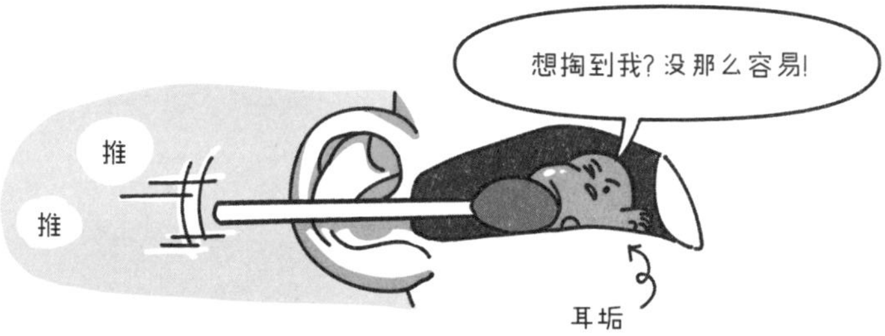

千万不要自己给宝宝掏耳朵。日常护理耳朵，只需要用温湿的毛巾给宝宝清洁耳郭即可。

如果宝宝的耳垢特别多，可以向医生寻求帮助。医生可能会先用滴耳液将耳垢软化，然后再用镊子轻轻夹出。

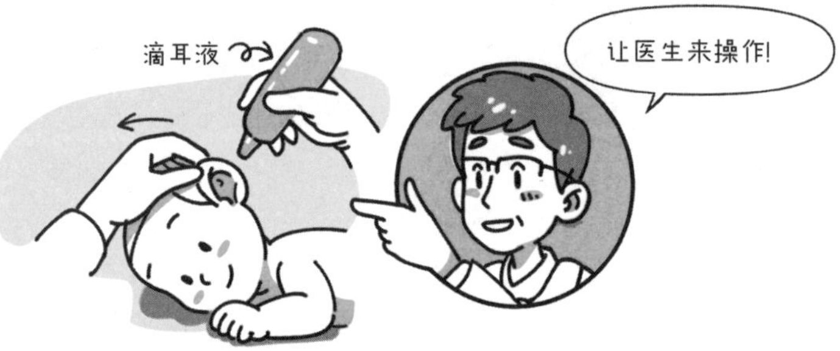

中耳炎也会引起耳垢增多。所以如果宝宝突然间耳垢增多，同时伴有哭闹、发热等情况，家长要提高警惕，必要时记得带宝宝就医。

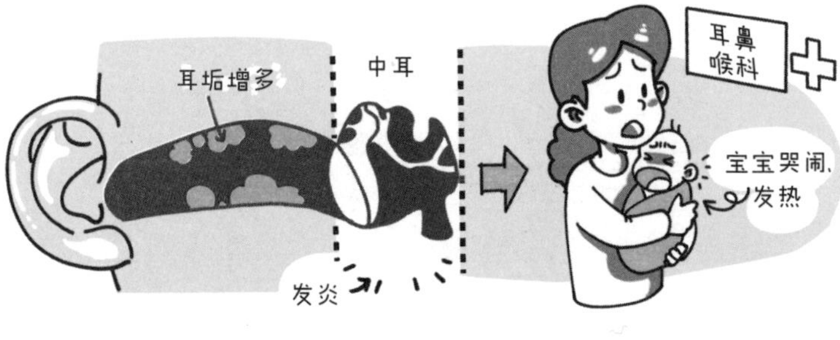

宝宝的鼻腔如何护理？

知识点

- 频繁用吸鼻器等刺激宝宝鼻腔，会使鼻分泌物增多。
- 黏稠的鼻分泌物可用棉签浸满橄榄油护理。
- 对于较干的鼻分泌物，可先用海盐水软化。

很多家长会用吸鼻器、棉签给宝宝清理鼻腔，可鼻分泌物反而越清理越多，其实这是因为鼻腔黏膜在过度刺激下会分泌更多分泌物。

当然，如果分泌物让宝宝呼吸不畅，也不能置之不理。如果鼻分泌物比较黏稠，可以使用棉签浸满橄榄油涂在鼻黏膜上，让宝宝通过打喷嚏排出分泌物。

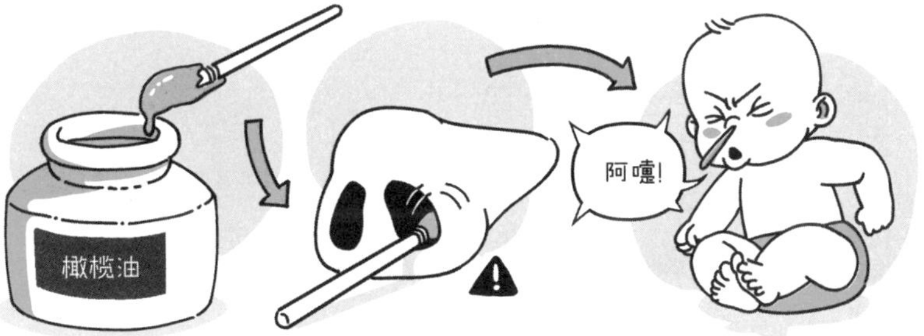

安全提示：棉签不要伸入鼻腔过深。

如果宝宝的鼻分泌物很干，可以先往鼻腔里滴些海盐水，等分泌物软化之后再用浸满橄榄油的棉签清理。

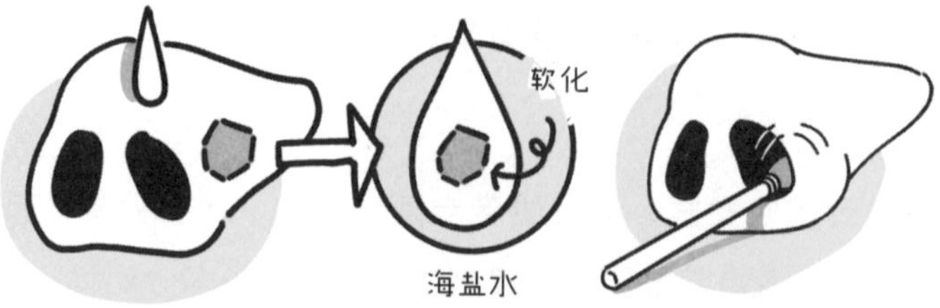

另外，鼻黏膜肿胀也可能会让宝宝呼吸不畅，家长用手电筒照一照宝宝的鼻腔就可以判断。一般宝宝感冒期间比较容易出现鼻黏膜肿胀。

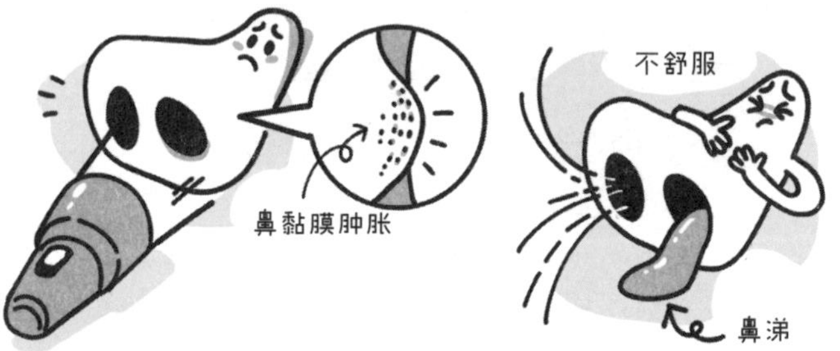

如果鼻黏膜肿胀不严重，可以用温湿毛巾敷鼻子，或者让宝宝在充满水蒸气的浴室中待 15 分钟，也可以用雾化器滋润鼻腔。如果鼻黏膜肿胀严重，就需要请医生使用局部喷剂缓解。

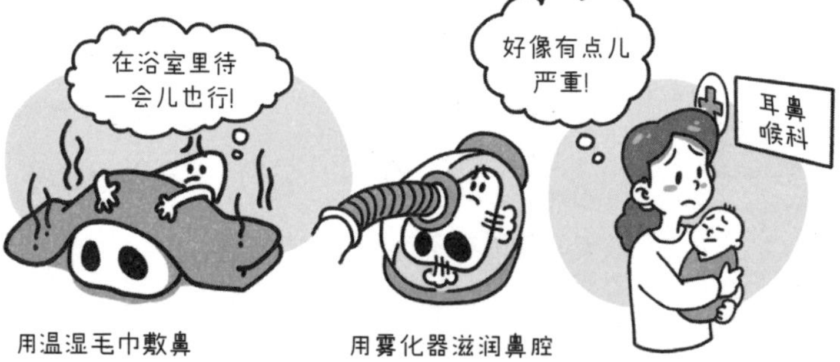

宝宝的头发如何护理?

知识点

- **宝宝不用每天洗头，一般每周洗 1~2 次。**
- **给大一些的宝宝梳辫子，千万不要扎得太紧，以免损伤头皮。**
- **宝宝头发是否浓密和发色受遗传因素影响较大。**

对小宝宝来说，不是每天必须洗头。如果不是天气很热宝宝出汗很多，头发很油腻，每周洗头 1~2 次就可以了。

为避免小宝宝出现抵触情绪，给宝宝洗头要速战速决，提前准备好用品，尽量简化程序，比如把方巾放手边、水温提前调好、动作果断不拖拉，但应注意不要因着急弄疼宝宝。

对大一些的宝宝，家长可以尝试给宝宝使用洗头帽，防止洗头水流到宝宝眼睛或嘴巴里，造成不适。

为让宝宝乐于洗头，家长可以在宝宝面前放一面镜子，让他看到洗头的过程，看到用泡沫做成的造型，还可以把宝宝洗头的有趣瞬间拍下来，拿给宝宝看。

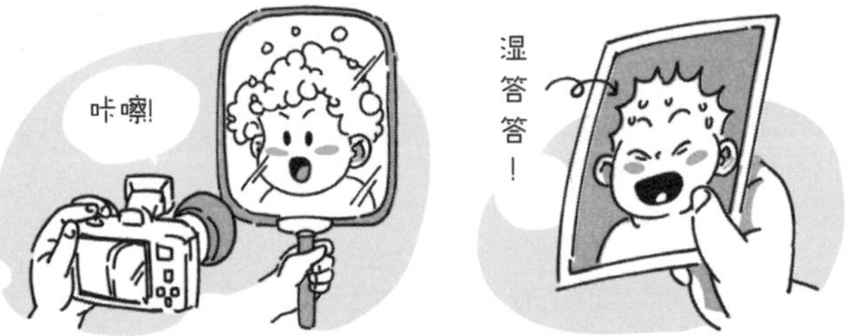

给大一些的宝宝梳头发的时候，家长注意要选择梳齿疏密合适的梳子，从发梢到发根一点一点梳通，减少拉扯产生的痛感，也可以让宝宝通过镜子看一看。

女宝宝头发长了，家长会给宝宝梳辫子，注意千万不要扎得太紧，以免损伤头皮。

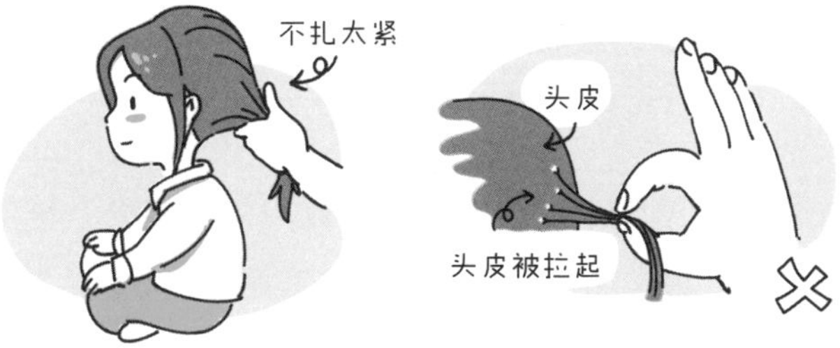

有的家长担心宝宝头发是否浓密和发色，其实这受遗传因素影响较大。如果爸爸妈妈的头发浓黑，宝宝头发很可能也是浓黑的；相反，如果爸爸妈妈的头发稀黄，宝宝头发通常也稀黄。

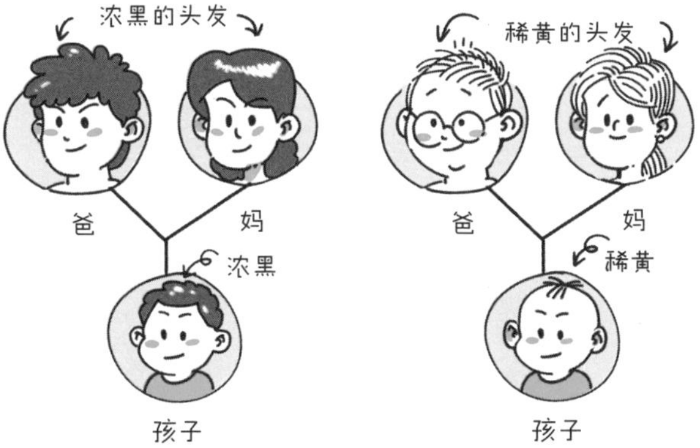

宝宝头发是否有光泽，能够在一定程度上反映健康状况。健康宝宝的头发，通常比较有光泽；如果头发正常养护仍灰暗无光，则可能提示存在健康问题，必要时可以带宝宝就医。

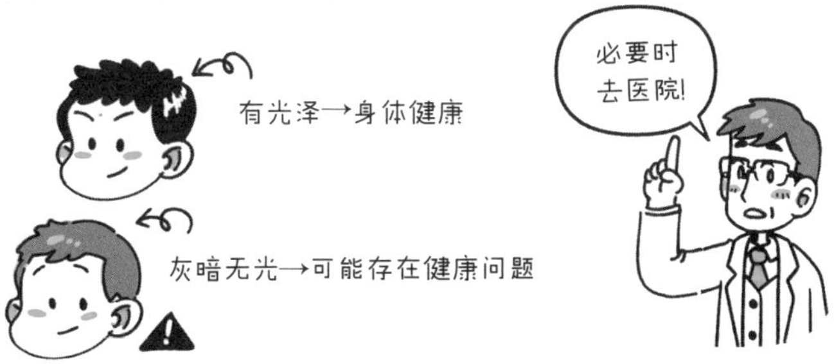

如何给宝宝剃胎发？

知识点

- 人的发量、发质等主要受遗传因素影响。
- 理发时间以 3~5 分钟为宜，以免宝宝厌烦。
- 头发不要完全剃光，要留下 2~3 毫米。

不少家长会选择给宝宝剃胎发，除了受习俗影响外，更期待多剃头发能帮宝宝增加发量。事实上，一个人的发量、发质等受遗传影响比较大，单纯靠多理几次发并不能使发量变多。

给宝宝理发前，要先准备好一系列工具：

①玩具：用来转移宝宝的注意力，让理发过程更顺利。
②围布：理发时围在宝宝身上，避免理下的碎发刺激宝宝皮肤。
③理发器：最好选择塑料或陶瓷刀头的、噪声较小的婴儿专用理发器。
④软毛刷：用来清理碎头发，可以边理边刷。
⑤海绵：理发结束后，用来清洁宝宝脸上或脖子上的碎发。

工具准备好，给宝宝围上围布就可以开工啦。理发需要两个人配合，一人抱住宝宝，另一人负责理发。发型师记得一手拿好理发器，另一手扶好宝宝的头，避免宝宝乱动误伤了他。

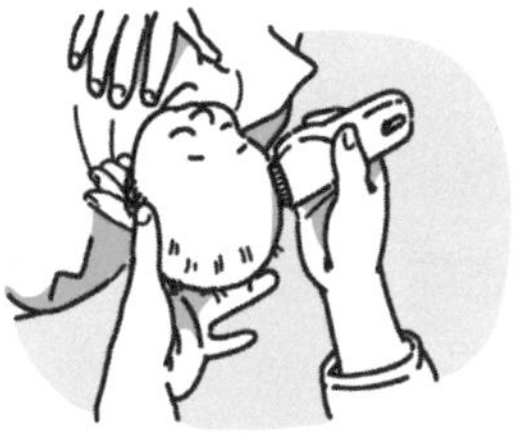

理发时，可以先理前额附近的头发，再理后脑勺。理耳边头发时，要用手护住耳朵避免划伤。理发过程中，可以用软毛刷扫掉碎发，结束后再用海绵扫净宝宝脸或脖子上的碎发。

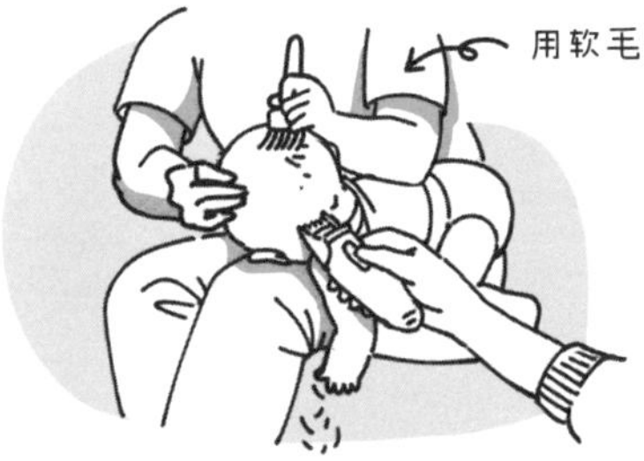

如果理发时宝宝表现得很不耐烦，甚至哭闹，那么最好先暂停，安抚好再继续。理发时间注意控制在3~5分钟，留下的头发长度以2~3毫米为宜，理得过短可能会因为操作不当损伤毛囊。

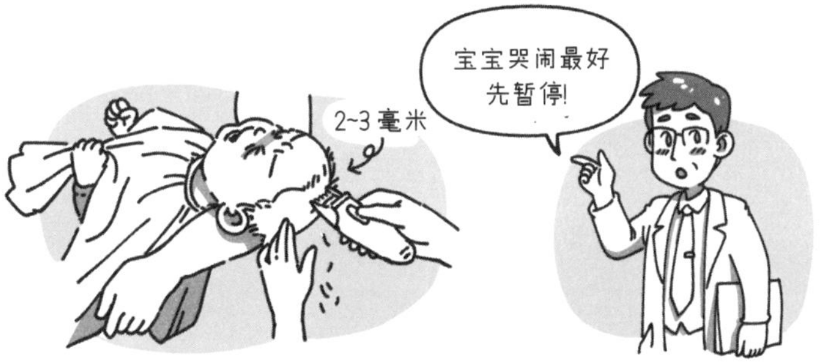

如何清洗宝宝的衣物？

知识点

- 宝宝换下的衣服通常只需用清水清洗，再用开水烫过。
- 对于较脏的衣服，可以选用婴儿专用洗衣皂或洗衣液清洗，并漂洗干净。

小宝宝皮肤娇弱、容易吐奶，因此换衣服会比较频繁，这对家长来说是一项不小的工作。

通常来讲，宝宝衣服上的污渍主要是奶渍和尿渍，换下后只需用清水清洗，再用开水烫过就可以。

对于比较脏的衣服，可以用婴儿专用洗衣皂或洗衣液清洗，使用之后必须漂洗干净，避免其中的化学成分刺激宝宝皮肤。

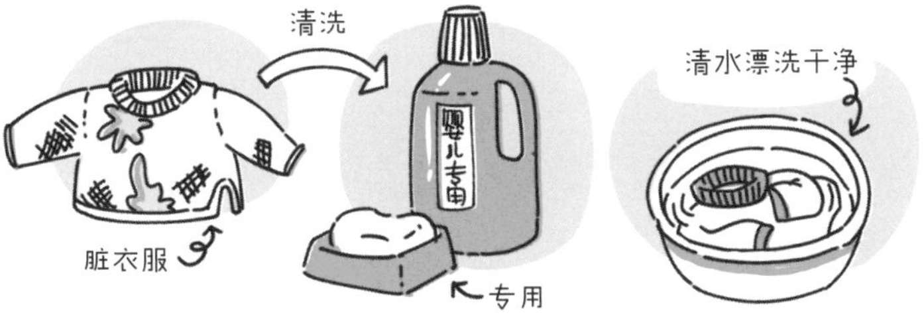

不要使用含消毒剂成分的洗衣液、洗衣皂，避免残留消毒成分被宝宝吃进去，破坏肠道菌群。

有些家长纠结给宝宝洗衣服是手洗还是机洗，其实都可以。需要注意的是，要与家人的衣服分开清洗，避免污染。

如何正确洗手?

知识点

- 洗手时，推荐用流动清水清洗，洗手液一定要冲干净。
- 遵循七步洗手法，手心、指缝、指尖都要清洗到。
- 爸爸妈妈可以发挥榜样的力量，和宝宝一起洗手做示范。

爸爸妈妈带宝宝洗手时，可以让他站在水池前的矮凳上，家长在身后保护。用流动的自来水清洗小手，清洗过程中记得遵循七步洗手法哟。

第一步：洗手掌。先用清水打湿双手，然后涂抹好洗手液，掌心相对轻轻揉搓。

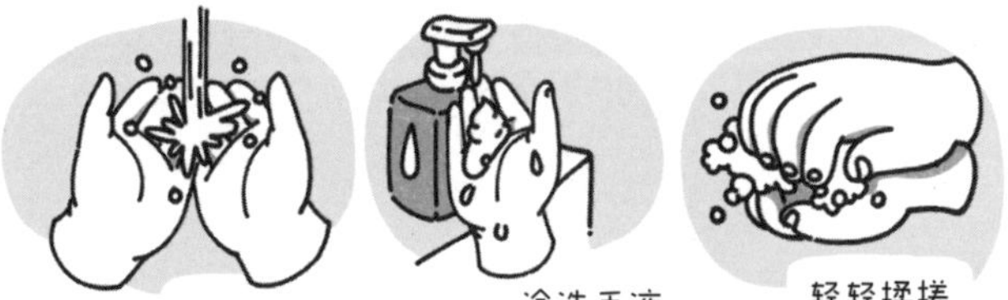

第二步：洗背侧指缝。一只小手的手心对着另一只小手的手背沿指缝轻轻揉搓，然后双手交换重复这个动作。

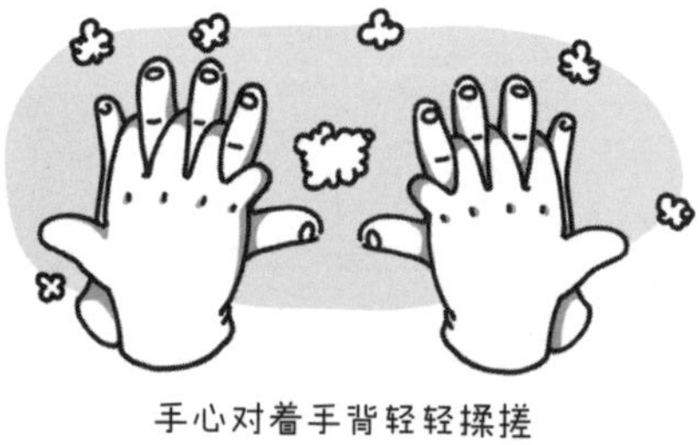
手心对着手背轻轻揉搓

第三步：洗掌侧指缝。两只小手的掌心相对，两只手交叉沿着指缝相互揉搓。

第四步：洗指背。把一只小手的手指关节弯曲，形成半握拳的状态，放在另一只手掌心中旋转揉搓指背，双手要交替进行。

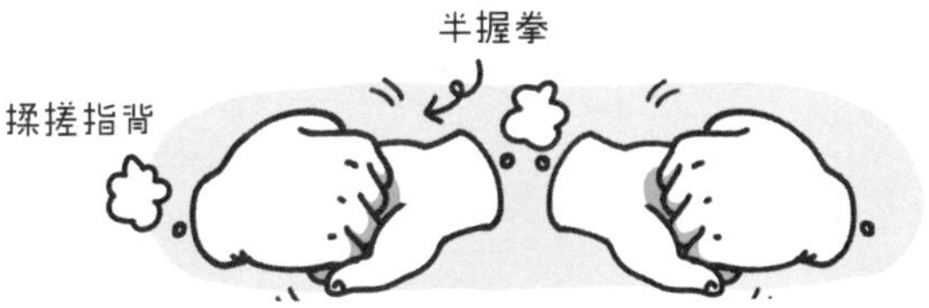

第五步：洗拇指。用一只小手握着另一只手的大拇指轻轻旋转揉搓，两只手交替进行。

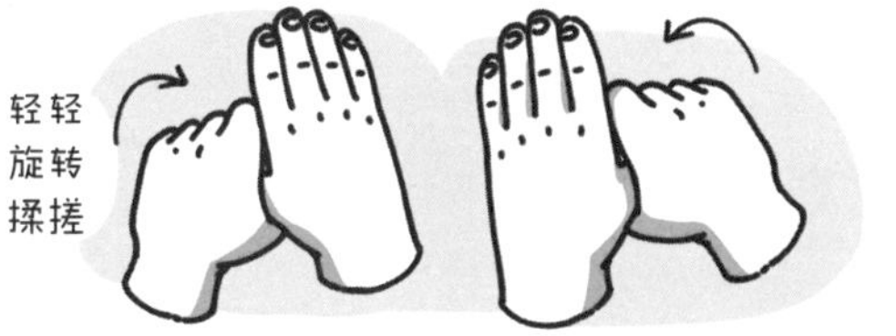

第六步：洗指尖。一只小手的各手指关节弯曲，指尖捏拢在一处，在另一只手的掌心里旋转揉搓，两只小手交替进行。

第七步：洗手腕、手臂。轻轻地揉搓手腕和手臂，两只小手交替进行。

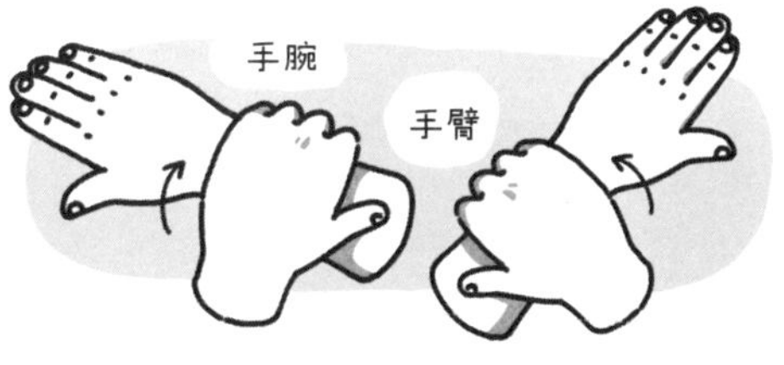

如何进行如厕训练？

知识点
- 如厕训练可以在孩子能自主控制排便后开始。
- 训练可以从日间如厕开始，逐渐过渡到夜间如厕。
- 面对训练时出现的各种问题，家长要有耐心。

通常宝宝 2 岁左右能自主控制排便后，就可以开始如厕训练了。不过这个时间并不绝对，家长要尊重宝宝发育规律，等他准备好再开始。

宝宝能够自主排便的信号有很多，包括：宝宝在纸尿裤中排便后，会因为不舒服向家长求助；对成人如厕表现出兴趣；有自己穿脱裤子的能力；清醒时纸尿裤可保持 1~2 小时干爽。

训练初期，家长可以给宝宝读绘本、一起买儿童马桶，让他对如厕建立熟悉感。之后，可以把脏纸尿裤扔进马桶，或在宝宝要排便时让他穿着纸尿裤坐在马桶上，帮他把马桶和排便联系起来。

宝宝了解马桶的作用后，就让他脱掉纸尿裤排便，提醒宝宝双脚牢牢踩在地上，这是正确如厕姿势。宝宝习惯马桶后小便时也要开始用马桶，并且在白天改成穿小内裤。

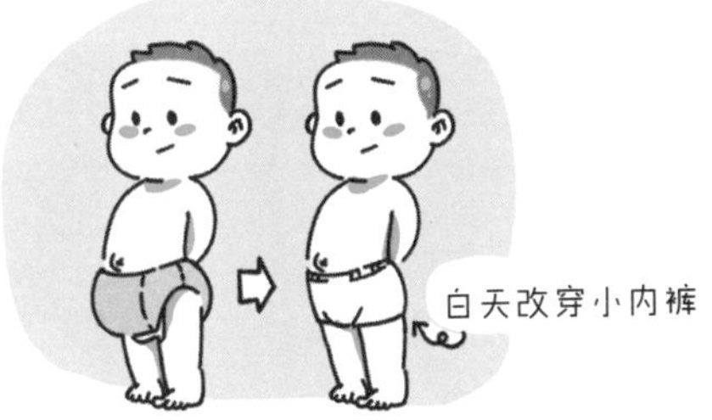

完成日间训练后，可以开始午睡及夜间训练，鼓励宝宝入睡前或睡醒后及时使用马桶，也可以鼓励他“参观”同性家长上厕所，借助榜样来学习，家长要给宝宝充足的时间学习和练习。

如厕训练开始前，不建议让宝宝坐在马桶上阅读、玩耍，以免养成习惯，排便时分散注意力。另外，不要强迫宝宝使用马桶，以免产生抵触，妨碍如厕训练。

通常在满 3 岁后，大部分孩子都能很好地控制大小便，且自主如厕。午睡时也不会再尿裤子，有的孩子甚至一整晚都不会尿床。

孩子在如厕训练中遇到任何问题，家长不要批评或嘲笑，以免给他增加心理压力。如果遇到搬家、二宝降生等，建议适当推迟如厕训练，先给孩子时间适应环境变化。

第五部分

养育中的小问题

养育过程并非都能一帆风顺，家长可能会遇到各种小问题，比如吃手、依赖安抚奶嘴、发音不清、长倒刺等，要解决这些问题，你知道怎么办吗？

宝宝爱吃手怎么办？

知识点

- **小月龄宝宝用吃手满足好奇心，进行自我安慰。**
- **使用安抚奶嘴或跟宝宝互动，可以减少吃手的频率。**
- **如果宝宝比较大了还在吃手，家长要多关注他的心理健康。**

小月龄的宝宝会用嘴感知和探索世界，吃手可以满足他对这个世界的好奇心，是自我安慰的一种方式。

爸爸妈妈看到宝宝吃手时，千万别简单粗暴地把他的小手从嘴里拉出来，或者训斥“不许吃!”，这种做法只会强化宝宝吃手的欲望。

也要注意别为了“干净”，用消毒湿巾或免洗洗手液清洁宝宝的双手，这样宝宝再吃手时会把手上残留的消毒剂吃进肚子里，破坏肠道菌群。

家长可以用安抚奶嘴等替代物帮宝宝减少吃手的频率，也可以多和宝宝说话、讲故事、唱歌、做游戏分散他的注意力，让宝宝忘记吃手。

如果宝宝已经 1 岁多了，甚至两三岁了还在吃手，那很可能是因为无聊、紧张、缺乏安全感，爸爸妈妈要多给宝宝些关注，不要简单粗暴制止。

宝宝爱揪耳朵怎么办?

知识点

- **小宝宝揪耳朵，大多是因为双侧内耳发育不均衡，是正常现象。**
- **出牙、患中耳炎、外耳道或耳郭长湿疹时，宝宝也会揪耳朵。**
- **如果怀疑宝宝揪耳朵是疾病所致，要及时就医。**

小宝宝揪耳朵，很可能因为双侧内耳发育不均衡，6~12 个月时这一现象会自然消失。家长可以带宝宝荡秋千、玩转椅，促进两侧内耳平衡发育。

如果宝宝揪耳朵，同时伴有口水增多、烦躁、爱频繁啃咬等，可能和出牙有关。出牙时的疼痛会通过神经传递到耳朵和脸颊部位。

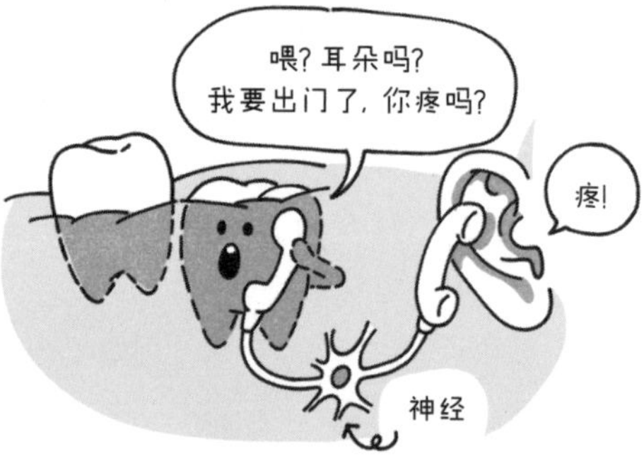

宝宝患中耳炎也可能会揪耳朵，同时伴有发热、哭闹、食欲不振等，家长可以用耳温枪测双耳温度，如果差值在 0.5~1°C，就要高度怀疑中耳炎，最好带宝宝就医。

还有一种比较特殊的情况：如果家长能在宝宝外耳道或耳郭部位看见湿疹，宝宝揪耳朵可能和湿疹有关，要去找医生帮忙。

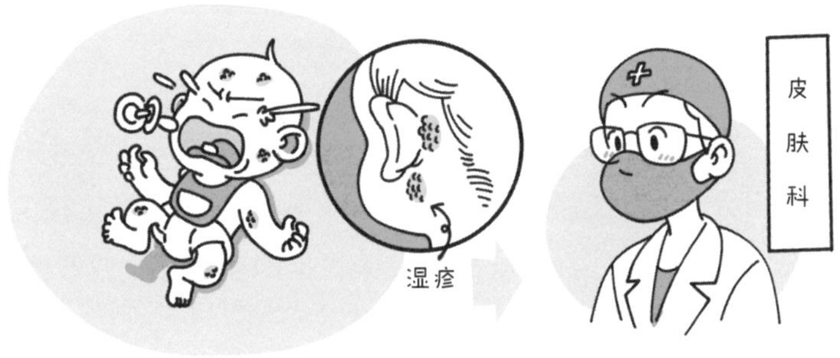

大多数情况下宝宝揪耳朵是生长发育过程中的常见现象，如果宝宝只是揪耳朵，没有别的异常，就不用特别担心。

宝宝爱摇头怎么办？

知识点

- 婴儿摇头大多是正常现象，会自然消失。
- 节奏感增强、不舒服、压力大等都可能是宝宝摇头的诱因。
- 摇头如果伴异常行为，要及时就医。

大多时候，9～10 个月大的小婴儿摇头是正常的，这种情况可能会持续几周、几个月或更长时间，通常在孩子 3 岁左右自然消失，家长不用特别干预。

有若干原因会让宝宝摇晃小脑袋，例如节奏感增强、模仿被父母轻摇的感觉、转移出牙带来的不适感、缓解白天积累的疲惫感，或者缓解断奶、学步、看护人变化等带来的压力。

如果孩子日常精神状态良好，并且饮食、睡眠和生长曲线都正常，家长就不用过度关注摇头的问题，也不用强行纠正，以免适得其反。

如果孩子在摇头的同时出现其他异常行为，并且伴随生长发育迟缓等问题，家长要提高警惕，及时带孩子就医。

宝宝的哭声，你听懂了吗？

知识点

- 饥饿、烦躁、无聊、不适等都会让婴儿哭闹。
- 家长可以先从检查纸尿裤入手，逐一排查原因。
- 家长不断积累经验，就能逐渐掌握孩子哭声的含义。

小婴儿会用哭表达各种需求。如果宝宝起先不耐烦地扭动身体，没有得到回应就开始哭闹，并且声短而低沉、有一定节奏，很可能是因为饥饿。

如果宝宝突然大哭，声音非常尖锐且持续时间较长，可能是由于某种外界刺激；而如果从最初的哼唧发展到呜咽，直至爆发性哭闹，则很可能是因为无聊。

如果宝宝的哭声无力，要考虑是不是生病了或不舒服；如果生活规律被打乱，身处陌生环境，或感到疲劳、困倦，宝宝也可能会哭闹。

排查引起哭闹的原因时，家长可以从检查纸尿裤入手，然后再用安抚、哄逗、喂奶等逐一排除，也要注意观察宝宝是否生病，是否衣服过紧、蚊虫叮咬、环境过热等。

总之，新手父母要通过日常观察尽快摸清规律，了解自家孩子在不同情况下的惯常表现，以便在孩子哭的时候有针对性地及时采取措施。

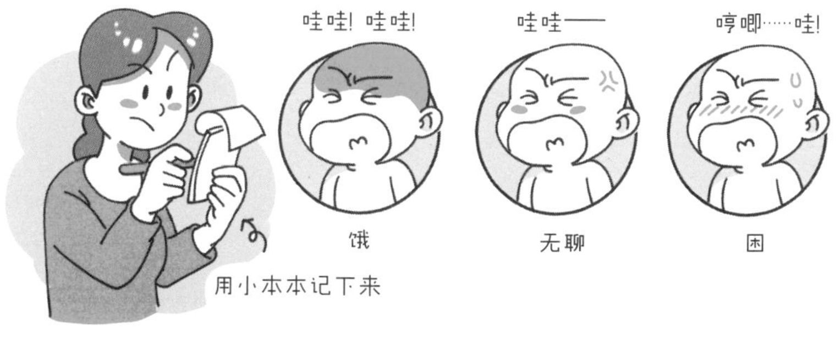

宝宝严重依赖安抚奶嘴怎么办？

知识点

- 宝宝超过 1 岁还依赖安抚奶嘴，要有意识帮他戒除。
- 戒除时可以先做心理建设，再有步骤引导。
- 转移注意力、借助榜样力量都可以帮宝宝戒除安抚奶嘴。

如果宝宝超过 1 岁仍然过分依赖安抚奶嘴，爸爸妈妈要开始有意识地帮他戒除，以免宝宝长期严重依赖安抚奶嘴，对口腔及牙齿的发育造成影响。第一，做心理建设。父母可以在宝宝情绪比较好时讲道理，告诉他一直用安抚奶嘴会让牙齿不好看。

第二，有步骤地引导。起初可以给宝宝设定安抚奶嘴的使用时间，比如只在某些时间和情况下用，然后逐渐缩小使用范围、缩短使用时间，不断鼓励，循序渐进戒除。

第三，转移注意力。爸爸妈妈可以多和宝宝唱歌、聊天、玩游戏，用各种方式转移他对安抚奶嘴的注意力，慢慢减少对安抚奶嘴的依赖。

第四，利用榜样作用。父母可以利用宝宝的同龄人来完成教育，告诉他："你看，小朋友们都不用安抚奶嘴了，宝宝长大了也该不用了。"

宝宝真的缺钙吗？

知识点

- **很多家长将孩子的很多情况归因于缺钙，这是不正确的。**
- **睡眠差、出汗多、佝偻病、骨密度低、枕秃，并不一定因为缺钙。**

误区一：睡眠差是因为缺钙。宝宝夜里本来睡得很好，突然哭闹，这并非缺钙所致，很可能因为肠绞痛、胃肠不适。

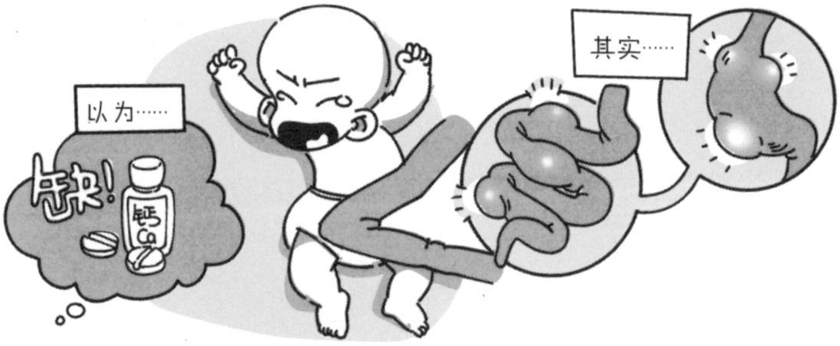

误区二：头上出汗多是因为缺钙。宝宝头部出汗多，与植物神经发育不完善、控制出汗能力弱有关；也与身上的汗毛孔发育不完善有关，导致汗液从头上渗出来比较多，与缺钙无关。

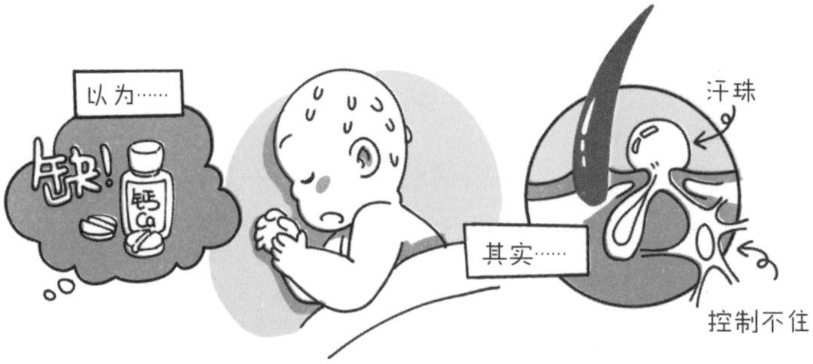

误区三：佝偻病是因为缺钙。佝偻病全称维生素 D 缺乏性佝偻病，通常是维生素 D 缺乏导致的。维生素 D 的作用是促进钙吸收。宝宝日常饮食均衡（确保钙摄入充足），适量补充维生素 D（促进钙的吸收），可预防佝偻病。

误区四：骨密度低是因为缺钙。宝宝身体快速生长，骨骼拉伸，骨密度必然会低，钙进入骨头，骨头继续拉长……可以说，骨密度偏低通常是宝宝快速生长的信号，不一定是缺钙。

误区五：枕秃是因为缺钙。随着宝宝越来越活跃，仰卧时经常会转头，头部后面可能会因为摩擦而头发稀少或无发，这就是枕秃。这与缺钙无关。随着宝宝逐渐学坐、站、走，睡觉也变得安静，枕秃会逐渐消失。

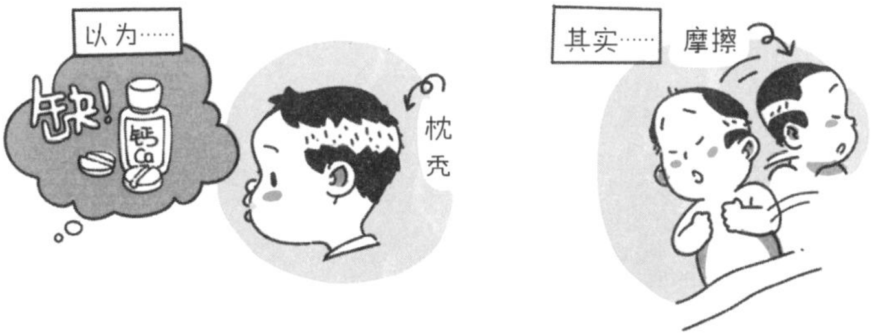

宝宝发音不清怎么办？

知识点

- **宝宝学说话初期，发音不清是正常现象。**
- **家长要多鼓励、少纠正，交流中做正确示范。**
- **大部分宝宝 3 岁左右发音会逐渐清晰。**

大部分宝宝到了一岁半左右会很喜欢说话，不过发音却不太标准，也会有吞音和错音，很多时候只有父母或看护人才能听懂，这是正常现象。

宝宝之所以会发音不清，主要是因为还不太能灵活地运用舌头和口周肌肉，这种情况需要经过长期、反复地练习才能有所改善，当然家长也要重视宝宝的咀嚼训练。

通常，宝宝的语言能力会随着年龄的增长和认知经历的增加而不断发展，一般到了 3 岁左右，宝宝的发音会变得比较清晰，说出来的话也能让大多数人听明白。

在宝宝练习的过程中，家长不要频繁纠正发音，以免打击宝宝开口说话的热情，妨碍他练习与尝试。

家长应该多鼓励宝宝表达，并且给予回应，借机给宝宝示范正确的发音，强化输入。

宝宝排便的这些问题，你了解吗？

知识点

- 排便量多于一汤匙才能记作一次大便。
- 孩子每日排便次数会随着年龄增长逐渐变少。
- 母乳宝宝大便普遍偏稀，这与母乳里的低聚糖有关。

在给孩子记录大便时，只有排便量大于一汤匙才能记作一次。如果只是在纸尿裤上沾了少许大便，可以忽略不计。

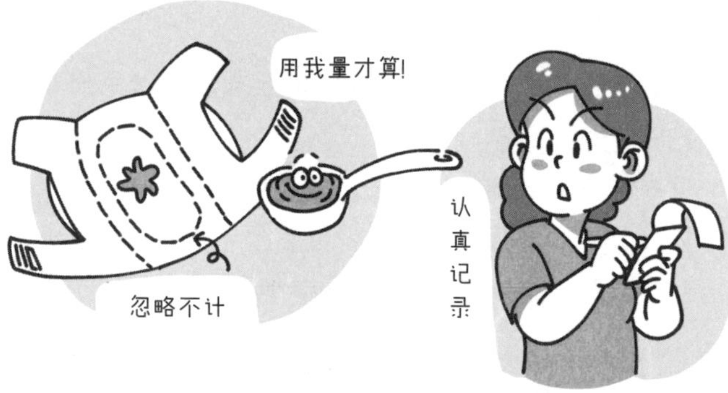

新生儿的排便次数与奶量有关，如果大便性状正常，排便次数多说明孩子获得了充足的营养。随着月龄增长，孩子的排便次数会逐渐减少到每天一次，甚至隔天或隔几天一次。

母乳宝宝大便相对偏稀，这是因为母乳中含有极易消化的低聚糖。有些孩子排便时会伴有很大的响屁声，这是因为消化系统还未发育成熟。

只要宝宝生长发育正常，没有出现排便困难、大便干结、稀便或大便次数异常增多等情况，家长就不必过度担心。

新生宝宝大便为什么是这个颜色？

知识点

- 宝宝出生后 24 小时内未排胎便，要及时咨询医生。
- 胎便会因胆红素呈黑绿色，不必担心。
- 喂养方式不同，新生儿大便颜色也有差异。

黑绿色大便：这是胎便，是宝宝在胎儿期逐渐累积下来的。它之所以呈黑绿色，是因为其中含有胆红素。

深黄绿色大便：是宝宝胎便排出后过渡期的大便，会持续 3~4 天时间。大便性状比较松软，如果宝宝已经开始吃母乳，其中可能会有黏液。

金黄色大便：母乳喂养的宝宝大便会是很漂亮的金黄色，有一定黏性且偏稀，这是因为母乳易于消化吸收。

浅黄、黄棕、浅棕色大便：配方粉喂养的宝宝大便颜色会呈现各种深浅不一的黄，甚至掺杂着棕色。虽然看上去比较松软，但相比母乳宝宝的大便要更成形一些。

黑色大便：如果宝宝吃的配方粉或补充剂中有铁，大便就有可能呈黑色或深绿色。但如果是母乳喂养的宝宝，并且没有补充含铁的补充剂，排出黑色大便需要及时就医。

危害宝宝视力的隐患有哪些？

知识点

- **床铃至少放置在距离眼睛 40 厘米的位置，并要定期移动。**
- **宝宝睡着后，家长不要在宝宝旁边玩手机。**
- **2 岁以下孩子不建议使用电子产品，2 岁以上使用应注意光线、时长和距离等。**

宝宝出生后，眼睛会一直处于不断的发育和完善过程，需要家长注意保护。很多家庭里都有的床铃，如果放置不当，会损伤视力。通常建议床铃至少放置在距离眼睛 40 厘米的位置，并且定期移动，避免宝宝长时间近距离注视。

给宝宝尤其是小月龄宝宝拍照时，要注意避免使用闪光灯，因为强光刺激可能会损伤视网膜，甚至破坏视网膜神经细胞。

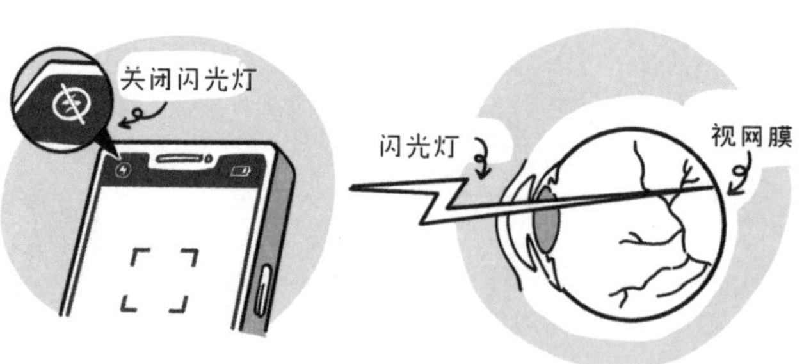

为了夜间喂奶等需要，很多家长会开着台灯或壁灯睡觉，这会增加宝宝近视的风险。如果实在必要，可以选择光线柔和的小夜灯，放置位置要低于床面。

宝宝洗澡时不建议使用灯暖浴霸，因为灯暖浴霸光线太强，洗澡时宝宝通常都是仰面朝天，容易损伤视力。家长可以提前用浴霸暖热房间，关掉后再让宝宝进去。

如果带宝宝到日光比较强的室外，要使用遮阳伞或者遮阳帽：大一点儿的宝宝，可以选择戴太阳镜。不建议 2 岁以下孩子使用电子产品。2 岁以上使用电子产品，也应注意光线、时长和距离等。

如何处理宝宝手上的倒刺？

知识点

- **长倒刺大多和皮肤干燥有关，宝宝频繁吃手也可能会长倒刺。**
- **如果宝宝手部皮肤干燥，可以涂抹橄榄油预防长出倒刺。**
- **对于已经长出的倒刺，可以先用温水软化，然后剪掉。**

宝宝的小手上长倒刺大多和皮肤干燥有关系。如果宝宝习惯吃手，也可能会让小手的皮肤变得干燥而出现倒刺。

如果是皮肤干燥引起的倒刺，爸爸妈妈可以在宝宝睡觉时给容易生倒刺的部位涂些橄榄油，这可以预防倒刺长出，即便宝宝吃进嘴里也没有害处。

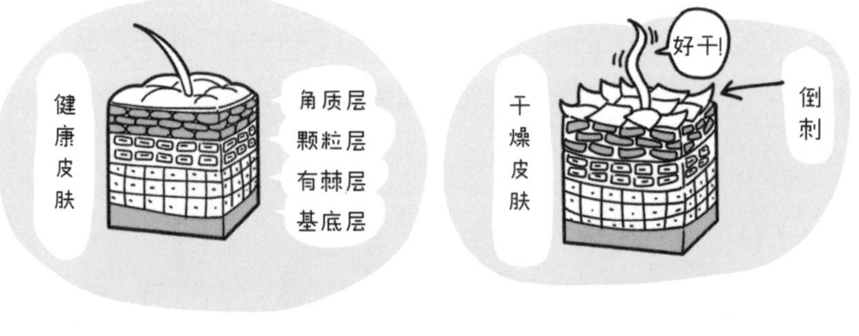

给习惯吃手的宝宝准备安抚奶嘴、牙胶、磨牙棒，慢慢减少吃手的频率，改掉吃手的习惯。

对于宝宝手上已经长出的倒刺，可以把小手浸泡在温水中几分钟，等到倒刺变软后再用指甲刀剪掉。很多爸爸妈妈看到宝宝手上的倒刺，会觉得是不是缺什么营养，其实这通常和缺乏维生素或别的营养素没有什么关系。

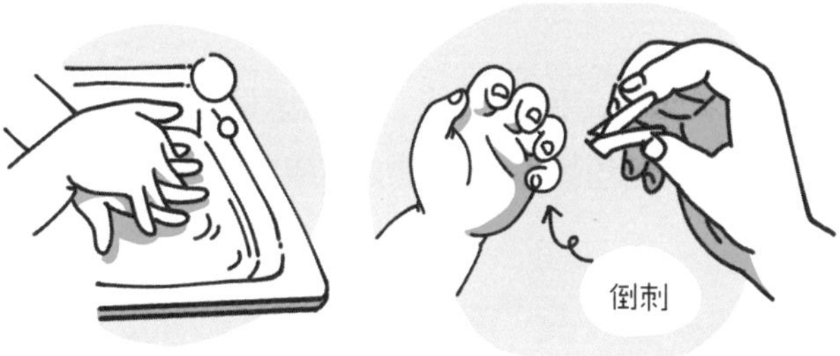

在温水中泡一泡

宝宝习惯用左手需要纠正吗？

知识点

- 宝宝出生后几个月会逐渐出现惯用手倾向。
- 婴儿期的惯用手可能会随年龄增长发生变化。
- 目前普遍认为惯用手可能与大脑发育有关。
- 家长要尊重宝宝的用手习惯，不要强行纠正。

宝宝出生后的前几个月，左右手的使用频次大体相同，不过之后，宝宝的用手习惯就会出现比较明显的倾向。

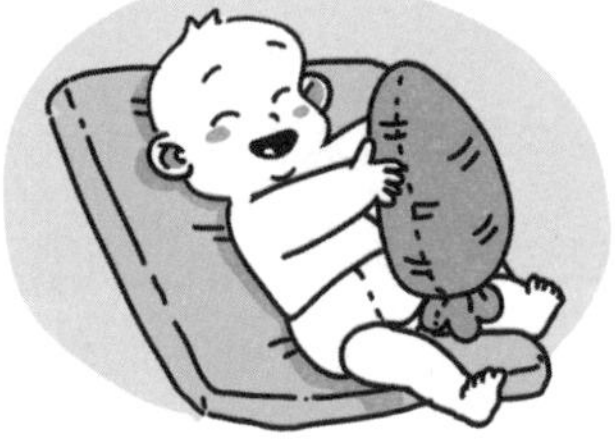
出生后前几个月

如果一件东西明明在宝宝的右侧，可他偏偏习惯用左手去拿，那么他的惯用手可能是左手，爸爸妈妈不要强加干预。

当宝宝出现用手倾向后，在接下来的几个月里，即便没有外界的干预，他使用左右手的习惯仍然会发生改变。在这个过程中，如果家长强行改变宝宝的用手习惯，可能会对日后学习活动造成一定障碍。

至于人为何会出现惯用手的差异，目前还没有明确的研究结论。有些专家认为，惯用手与大脑左右半球发育有关，惯用左手的人右脑相对发达，惯用右手的人左脑比较发达。

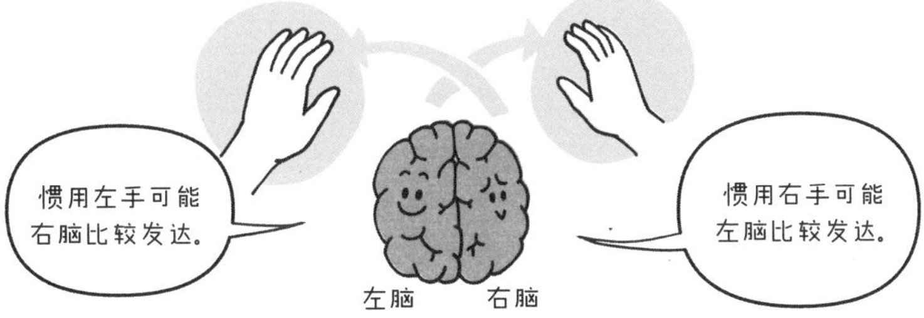

无论宝宝的惯用手是左手还是右手，都是自然发育的结果，家长要顺应并且尊重宝宝生长发育过程中的个体差异，不要强行加以纠正。

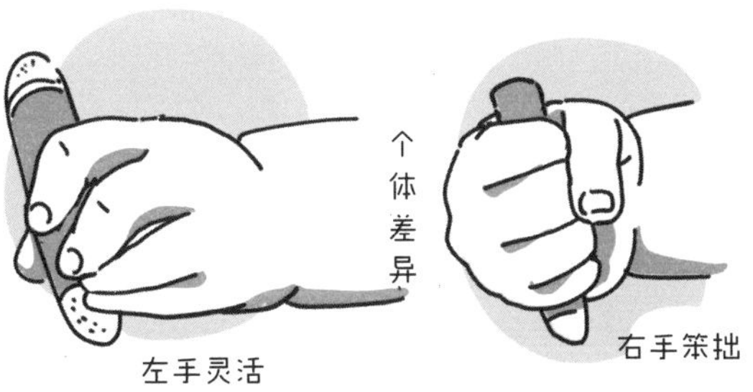

第六部分

早教

很多家长知道，早教重要，但是什么样的早教，才是对宝宝有益的？玩具如何选择、绘本如何读、陪玩有哪些技巧、“可怕的 2 岁”怎么应对……这里有你想知道的答案！

如何跟宝宝互动？

知识点

- **孩子出现社交萌芽后，家长要多用游戏来互动。**
- **小婴儿肌肉力量弱，骨骼与韧带发育也不完善，互动过程中要特别注意避免有风险的动作。**

小婴儿在 2 个月左右，就会开始出现社交萌芽，例如用微笑回应爸爸妈妈，或者发出咕咕声尝试交流。家长要多和孩子做游戏互动，不过要特别注意避免有危险的动作。

不要高高抛起宝宝。孩子下落过程中由于惯性作用，尚未发育成熟的骨骼要承受很大的压力，有损伤的风险。

不要架着宝宝腋下转圈。小婴儿的骨骼与韧带发育尚不完善，旋转过程中很容易造成关节脱臼等。

不要剧烈晃动宝宝身体。小婴儿颈部肌肉力量很弱，被剧烈晃动身体时，头部可能也会跟随来回摇晃，有造成大脑损伤的风险。

不要呵痒痒。过度大笑可能会导致小婴儿脑组织缺氧，或者增加腹部压力。在孩子腹部肌肉还没有发育完善时，腹部压力过大会增加患脐疝或腹股沟疝的概率。

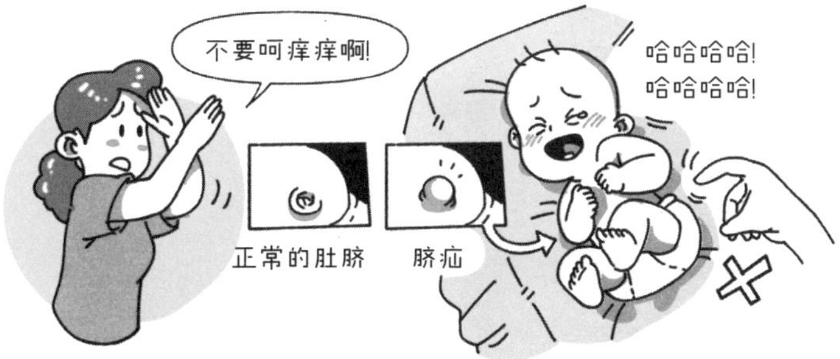

怎么给宝宝选择玩具？

知识点

- 为宝宝挑选玩具，第一要素是注意玩具的安全性。
- 选择宝宝感兴趣的玩具，而非家长觉得“好”的玩具。
- 给宝宝选择适龄的玩具，让他更能享受玩的乐趣。

选择玩具时，首要考虑的应该是安全。

玩具不能太小，太小的玩具有被宝宝吞进嘴里、塞进鼻孔或耳朵里的风险。

玩具应确保零件足够牢固，避免宝宝揪下后误吞；另外，玩具的表面要平滑，避免边缘尖锐、有明显棱角的玩具，以免划伤宝宝；此外，应选择材质安全无毒、易清洗的玩具。

如果玩具能够发声、发光，注意声音要柔和悦耳、音调准确，光线不刺眼，以免损伤宝宝的听力与视力。

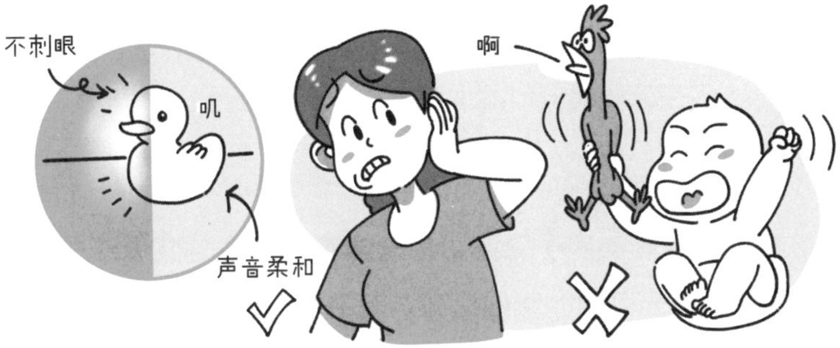

给宝宝选择玩具，还应注重宝宝的兴趣。有兴趣才能愿意玩，才能更好地发挥玩具的功用。建议买玩具时带着宝宝一起，观察他的反应。选择玩具不能依照家长的喜好，而应关注孩子的喜好。

给宝宝选择玩具，一定要符合月龄。避免选择超过宝宝年龄的玩具，“超龄”玩具对宝宝并不友好，一方面宝宝可能对此毫无兴趣，另一方面可能因零部件较多、较细碎，对小宝宝存在安全隐患。

如何给宝宝读绘本？

知识点

- **读绘本能提升孩子的认知水平，丰富想象力。**
- **选择绘本要同时注意画面、材质、内容质量。**
- **读绘本时，家长从声音到表情都要到位。**
- **在宝宝情绪好时阅读绘本，不要强迫。**

读绘本是非常好的亲子活动。色彩丰富的画面、父母温柔的声音，都能给孩子良好的感官刺激，帮他提高认知水平，丰富想象力。

给低龄的孩子买绘本，首选画面颜色鲜艳、图案简单的纸板书、布书，既能充分吸引孩子注意力，又不容易被啃咬、撕扯坏，同时也要注意内容简单易懂，互动性强。

为孩子读绘本时，要注意声音和缓轻快，可以加入夸张的表情、动作和孩子互动，增加他对绘本阅读的兴趣。

阅读时间可以选在孩子吃饱、睡好、情绪较好时，比如饭后、洗澡后、睡觉前等，每次以 3~5 分钟为宜。如果孩子表现出烦躁，不要强迫他一定认真听。

读绘本时，书和孩子眼睛间的距离要控制在 20 厘米左右，同时要注意画面摆在孩子正前方，不要让他斜着眼睛才能看到画面，以免影响视力。

如何营造良好的家庭互动氛围？

知识点

- **营造良好家庭氛围，父母要毫不吝啬地表达爱。**
- **家长要给孩子空间与尊重，多沟通互动。**
- **鼓励能激发孩子的创造力，增强抗压能力。**

良好的家庭氛围对孩子的成长起着重要作用。而营造氛围最重要的一件事，是父母毫不吝啬地表达爱。即便孩子哭闹、发脾气，家长也要记得带着耐心，用包容的心态应对。

第二，父母要多和孩子沟通。说话、唱歌、读绘本、做游戏，这些看似简单的互动方式，都对营造良好氛围有帮助。

第三，家长要给孩子空间。虽然成长需要关注，但是过度的关注会让孩子感到压抑。家长要适当放手，让孩子独立学习、探索，按自己的节奏成长。

第四，尊重孩子的意愿。即便是小婴儿也有自己的喜好，家长在坚守原则的前提下，给孩子充分的尊重，满足其合理需求，对促进孩子学习的积极性、建立自信心和自尊心有很大帮助。

第五，多鼓励。正向的评价能够激发孩子的创造力，增强抗压能力，更积极地面对困难。家长要多用语言夸奖孩子，也可以多用拥抱等肢体动作给孩子鼓励。

怎么进行性别教育?

知识点

- 性别教育是性教育的基础，家长要重视。
- 父母可以从外貌特征入手进行性别教育。
- 养育过程中要有意识地让宝宝感受性别特质。

性别教育是性教育的基础，从宝宝出生后就可以潜移默化地展开，逐渐帮他建立正确的性别角色定位和认知。

性别教育最初的任务是帮宝宝形成性别意识，父母可以从日常喂养、护理、装扮、家庭角色等不同方面入手。

在养育过程中，爸爸妈妈在共同承担育儿任务的同时，要留意让宝宝多接受同性别家长的熏陶，这么做并非为了贴性别标签，而是让宝宝更好地感受性别特质。

对小宝宝来说，帮助建立性别认知可以先从外貌特征入手。日常生活中，爸爸妈妈可以帮助宝宝总结男性和女性的外貌特征，同时也要让宝宝意识到人存在多样性。

为宝宝准备服装时，可以着重突出性别特点，包括款式、整体造型等，让人能准确辨认出宝宝是男孩还是女孩，帮助宝宝建立对自身性别的认知。

如何培养宝宝的专注力？

知识点

- 拥有好的专注力，宝宝做事情的效率会提高，也会获得成就感和自信心。
- 辅食添加阶段，家长可以借助餐具、食物等提高宝宝专注力。
- 家长还可以借助玩具、绘本等培养宝宝的专注力。

专注力指的是宝宝把视觉、听觉、触觉等感觉集中到一件事情上的能力。拥有好的专注力，宝宝做事情的效率会比较高，也容易获得成就感和自信心。

辅食添加阶段是培养宝宝专注力的好时期。家长可以给他准备造型多样且差异较大的碗和勺子，吸引宝宝的注意力，从而提升兴趣和专注力，也能增加食欲。

当宝宝逐渐对餐具失去兴趣，转而去关注食物，不管是吃还是玩食物，他的注意力都集中到了食物上。家长要在确保安全的情况下，给宝宝更多的自由，让他自己去探索。

在吃辅食的过程中，家长不要强迫宝宝必须在规定的时间点吃饭、必须吃某种饭菜，以及必须吃定量的饭菜，这会让宝宝产生抵触情绪，就更谈不上专注了。

除了辅食添加，家长还可以借助玩具、绘本等培养宝宝的专注力，比如在讲绘本时，家长最好能利用声音、表情、动作等跟宝宝有比较多的互动，让宝宝沉浸其中，借此培养良好的专注力。

怎样培养宝宝的想象力和创造力？

知识点
- 想象力有助于宝宝保持对事物的好奇心。
- 家长要鼓励宝宝自由畅想，并和他一起创作。
- 对于宝宝的作品，家长要鼓励、倾听创作灵感。

丰富的想象力能够帮助宝宝保持对事物强烈的好奇心，激发创造力，为以后的学习和工作做好良好的铺垫。

保护和激发宝宝的想象力，需要家长从日常的各个生活场景入手，也要注意自己和宝宝互动交流的方式。

第一，不要否定宝宝的自由畅想。比如宝宝可能会幻想小鸟和小鱼做朋友，家长不要因为觉得违背常理就否定他，可以和他探讨鱼和鸟一起做了什么，进一步引导宝宝思考，提升想象力。

第二，肯定宝宝的成果。宝宝完成的涂鸦、手指画、泥塑等可能并不完美，但其中包含着他的创造力与想象力，家长要充分肯定，并且鼓励宝宝分享“创作灵感”。

第三，和宝宝一起创作。共同创作不仅有助于增进亲子关系，也能将宝宝的想象力付诸实践，加以培养。在创作过程中，要特别注意鼓励宝宝自由发挥。

陪宝宝玩有哪些技巧？

知识点
- 父母陪玩时要注意给孩子提供自由探索环境。
- 不要把“陪伴”变为“干扰”，分散孩子注意力。
- 父母要避免人为干涉，鼓励孩子自主探索。

陪玩需要技巧，要让孩子成为游戏的主体。父母既要给他提供一个自由、自然的探索环境，又要在他有需要的时候，及时给予适当的引导和帮助，才能让陪玩发挥真正的作用。

当孩子认真研究某个玩具时，爸爸妈妈可以在一旁观察，在适当的时候给予鼓励，激发孩子继续探索的热情，这对于认知能力的发展也有很好的促进作用。

当孩子在做游戏的过程中遇到困难时，家长可以用示范、讨论的方式，提供适当的指导和帮助，这既能帮孩子建立解决问题的思路，也能给他带来成就感。

家长要注意避免把“陪伴”变成“干扰”，当孩子专注于游戏时，家长不要问“饿不饿”“渴不渴”这些问题，这些关心对孩子来说是种打扰，不利于培养专注力。

家长要避免在陪玩过程中过多干涉，例如纠正孩子自创的游戏玩法，强迫他按照说明书操作玩具等，这些做法都可能会破坏孩子的专注力，限制创造力的发展，阻碍探索世界。

怎样应对宝宝的自我意识？

知识点

- **孩子的自我意识清晰后，会把自己当成“中心”。**
- **家长满足孩子需求时要注意尺度，避免溺爱。**
- **出现意见分歧，家长要反思对孩子是否尊重。**

当孩子到了 1 岁左右，会开始形成比较清晰的自我意识，认为周围人应该无条件地满足自己的需求。爸爸妈妈要在理解这点的基础上，适度满足那些合理的需求，引导不合理的需求。

在满足孩子的需求时，家长要注意尺度，避免觉得孩子还小就无条件地满足，这不仅会让自己失去立场、筋疲力尽，也会让孩子变得任性和自我。

遇到意见有分歧时，家长可以尝试平等沟通，给孩子讲道理，或和他商量。让孩子渐渐明白，任何人都有自己的想法，这可为日后学会站在别人立场上想问题打基础。

有时候家长和孩子间的冲突，并非因为孩子的需求不合理，而是家长忽略了孩子的感受，例如不经过孩子同意就把他的玩具送给别的小朋友，孩子如果抗议还怪他不懂分享。

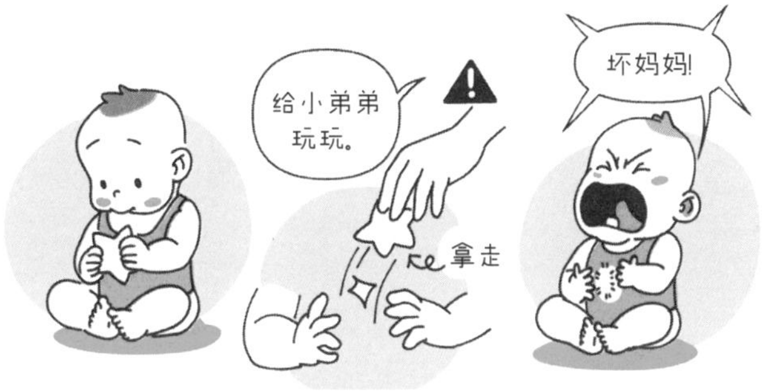

要提醒各位家长的是，无论是满足还是拒绝孩子的需求，家长都要把他当成朋友，发自内心地给予充分的尊重，这样才能真正保证交流顺畅。

如何鼓励宝宝积极社交？

知识点
- 家长可以鼓励宝宝参与集体游戏，培养社交能力。
- 宝宝遇到社交问题时，家长要引导，但别干涉。
- 家长在鼓励社交时，要注重隐私教育。

良好的社交能力是融入社会的基础，宝宝在和同伴相处的过程中，慢慢地会学习到与人相处的技巧，这也是和这个世界相处的技巧，家长要有策略地引导。

培养宝宝的社交能力，最重要的是让宝宝有机会融入集体。爸爸妈妈可以鼓励宝宝多参与集体游戏，给宝宝提供更多和小朋友接触的机会，锻炼合作能力。

对于年龄较小的宝宝，家长可以在社交过程中给予引导，比如两个宝宝都想玩同一件玩具，家长可以建议宝宝和对方商量可不可以轮流玩，但是注意不要直接出面代替宝宝解决分歧。

家长可以帮助宝宝养成“总结”的习惯，在游戏结束回家的路上，或者晚上睡前聊天时，再次重复宝宝白天的友善行为，给予肯定和鼓励，对于宝宝需要改正的问题也再次强化交流。

需要提醒的是，家长在鼓励宝宝社交时，要注意隐私教育，告诉宝宝自己身体被内衣遮住的地方不能被别人看和触摸，当然也不能摸别的小朋友这些地方，要尊重对方隐私。

怎样应对宝宝在公共场所情绪失控?

知识点
- 想让宝宝学会控制情绪，离不开家长的引导。
- 面对宝宝崩溃哭闹，家长要尽量保持平静。
- 安抚宝宝时，家长要接纳宝宝的情绪，尝试交流。

不少宝宝在 2 岁左右都会发展出一个让人头疼的“技能”：一言不合就情绪失控，只要需求没被满足，就在公共场所大哭大闹，甚至躺地上打滚。这不仅打扰别人，也让家长觉得尴尬。

不过家长得知道，对于表达能力有限，还不能很好地控制情绪的宝宝来说，哭闹只是一种表达方式，他还不理解这种做法带来的尴尬和给别人带来的困扰。

面对宝宝哭闹的情况，家长要先深呼吸，让自己保持平静，然后耐心地安抚他，对他的情绪表示理解，尽力帮助他安静下来。

如果宝宝还是不能停止哭闹，家长可以平静地把他抱起来，带他离开，找一个不会影响其他人的地方，给宝宝机会发泄，直到他安静下来。

在安抚宝宝的过程中，家长一定要注意控制自己的情绪，避免带着烦躁、不满的态度和宝宝交流，更不要训斥和命令宝宝“不许哭”，家长要给宝宝时间学习和适应社会规则。

如何引导宝宝的语言发育？

知识点
- 学说话时，“多听”是打下语言基础的第一步。
- 家长和宝宝交流，并不意味着“替他说话”。
- 学语初期，家长要注意用简单词句，要多重复。

宝宝在学习语言的过程中，家长的输入十分重要，即便宝宝还不会说话，家长也要用语言积极回应他的咿咿呀呀，或者描述他在做的事情，帮宝宝积累词汇量。

回应宝宝的话时，家长要注意尺度，交流并不等于替他说话。如果宝宝只是发出一个音，家长就“秒懂”，并且替他说完了剩下的内容，宝宝无形中会失去很多练习的机会。

另外，家长要注意回应方式。在宝宝学语初期，家长尽量多和他说一些简单的词和句，并且要多次重复，帮宝宝加深印象，增强他对语言的接受度。

对于语言发育还不成熟的宝宝来说，家长说话时的神态、动作等在交流过程中也很重要，这些能帮助宝宝理解语言的含义，激起更强的互动兴趣。

家长要明白，语言发育需要充分的输入做基础，宝宝多听才能慢慢理解话语的含义，产生发声说话的欲望，也更需要输出的机会不断练习，这样才能真的让语言成为交流的工具。

宝宝胆小怕生怎么办？

知识点

- **宝宝胆小怕生是成长的表现，也是认知提高的表现。**
- **进入陌生的环境会让宝宝胆小害怕，家长要抱抱宝宝和他交流，给他安全感。**
- **家长可以温柔地鼓励宝宝与人互动，但注意千万不要强迫他。**

宝宝出现胆小怕生的情况，说明他的心理正在发展，不再像小婴儿阶段对所有人都无防备。这是宝宝成长的表现，也是认知提高的表现。

宝宝的心理发育存在阶段性的特点，即使之前开朗大方，现在也有可能胆小怕生。开朗和内向两种情况交替出现。

宝宝突然进入陌生的环境可能会胆小害怕，甚至紧紧搂着家长，这时家长可以回抱宝宝，多和宝宝交流。身体接触、语言交流、眼神的凝视都会给他安全感，让他放松。

当宝宝能够从家长怀里下来，自己坐下时，家长不要马上走开做别的事情，要多陪他一会儿，慢慢让他放松下来。无论外界环境如何，家长要保持轻松愉快，不要传递给宝宝不好的情绪。

如有必要，家长要告诉宝宝接下来需要与人交流，比如要点一份食物，或者跟熟人打个招呼。与人接触时要抚摸宝宝的小手，缓解他的焦虑，同时温柔地鼓励宝宝与人互动，但注意千万不要强迫他。

“可怕的 2 岁”来了，怎么应对?

知识点

- **真正“可怕的 2 岁”通常出现在宝宝 2 岁半时。**
- **宝宝的不听话、固执，其实是想获得安全感。**
- **家长要理解宝宝，多给他选择和做主的机会。**

事实上，从 1 岁半到 2 岁，宝宝会完成一次从“熊宝宝”向“乖宝宝”的转变。而在满 2 岁时，大多数宝宝正处在乖巧的阶段。

2 岁的宝宝，运动技能明显提高，可以熟练地走、跑、跳，还会拧瓶盖等，语言能力也在快速发展，能够跟父母进行有效的沟通，情绪也变得相对稳定。

而“可怕的 2 岁”通常会在宝宝 2 岁半左右到来。宝宝可能会表现得叛逆，甚至会违背自己的意愿，跟自己对着干。

家长要知道，其实宝宝在这一阶段表现出的固执、不听话，本质上是想多些“自主权”，进而体会到安全感。

家长可以多给宝宝一些空间及自主选择的机会。例如外出时可以让他挑选自己喜欢的衣服，吃水果时可以提供两种选择，满足宝宝“做主”的愿望。

怎么引导大宝顺利接受二宝？

知识点

- **如果父母计划再要个宝宝，要提前和孩子沟通。**
- **从孕期开始，就让孩子感受到弟弟妹妹的存在。**
- **多鼓励孩子参与照顾新生儿，并及时给予鼓励。**

对孩子来说，家里多了一个弟弟或妹妹，他可能会非常抵触。要想解决这个问题，最好的办法是让孩子觉得弟弟妹妹对他很重要，从心底接受新成员。

家长可以在孕前做好铺垫，多鼓励孩子和小朋友玩，体会有玩伴的乐趣，再看看其他有弟弟妹妹的家庭的融洽和睦，然后借机问他是否也愿意要个弟弟或妹妹。

如果妈妈已经怀孕，可以多和孩子聊聊肚子里的宝宝，让他摸摸妈妈的肚子，告诉他“你也曾经这样住在妈妈肚子里”，让他明白自己也有过同样的“待遇”。

可以多和孩子一起幻想弟弟或妹妹出生后的场景，让他对将来的生活充满期待。千万不要在孕期把孩子完全排除在外，然后突然抱回家一个新生儿。

弟弟或妹妹出生后，引导孩子多参与育儿过程，例如帮忙挑选衣服、用品，也可以让孩子帮忙做些力所能及的事情，例如帮忙丢脏纸尿裤等。

即便孩子做得不够完美，爸爸妈妈也要给予鼓励，肯定他的帮助。如果孩子不想参与照顾弟弟妹妹，也不要强求，以免在孩子间制造矛盾。

有些家长不敢让孩子和弟弟妹妹过多相处，担心影响小婴儿休息，或者不小心弄伤他。这种做法会让孩子产生被排斥感，然后把怒气发泄到弟弟妹妹身上。

爸爸妈妈要注意不能对两个孩子区别对待，不管年龄相差多少，在父母面前都是需要被关心呵护的孩子，不要给孩子灌输“哥哥姐姐要让着弟弟妹妹”的观念，以免孩子产生逆反心理。

入园需要做哪些准备？

知识点

- 入园前，家长要教给孩子基本生活技能。
- 注意培养孩子的表达能力，让他学会说出需求。
- 家长要调整自己的心态，不把焦虑传递给孩子。

孩子上幼儿园前，入园准备工作必不可少。第一件事是帮助孩子掌握基本生活技能，例如自己穿脱衣服、鞋子，自己吃饭、喝水、上厕所等。

家长要注意帮助孩子调整作息时间。幼儿园到园时间通常比较早，要帮助孩子建立早睡早起的习惯，午睡时可以逐渐减少陪伴的时间，最终做到孩子能独自入睡。

在幼儿园里，能够主动表达自己的需求非常重要，家长要慢慢学会从“主动询问”过渡到等孩子“自己提出”，可以采取场景模拟的方式来引导。

除了这些必备技能外，入园前的心理建设也不能忽视。家长可以为孩子挑选一些有关幼儿园生活的绘本，也可以带他去参观幼儿园，或者听听大哥哥大姐姐讲幼儿园生活，让孩子对幼儿园产生期待。

家长也不要忽视自身情绪调节。入园是孩子独自踏入社会的第一步，家长难免会觉得不放心，但是这种焦虑如果太强烈，难免会传染给孩子，因此家长也要给自己做好心理建设。

第七部分

养育效果

宝宝到底长得好还是不好，如何评估？健康体检都检查些什么，如何解读？视听感知力发育又该如何判断？看这里！

如何监测宝宝的生长情况？

知识点

- **要用生长曲线科学监测宝宝生长情况。**
- **曲线图中有 5 条参考线，第 50 百分位代表平均值。**
- **家长要养成定期测量宝宝生长指标并记录的习惯。**

衡量宝宝生长情况时，体重、身长（身高）和头围是重要的指标。不过仅仅靠某一次的测量结果来判断可不够严谨，世界卫生组织推荐使用生长曲线。

生长曲线图有两种颜色，蓝色的适用于男宝宝，粉色的适用于女宝宝，其中横坐标代表月龄（年龄），纵坐标代表身长（身高）、体重或头围。

曲线图里有 5 条参考线，这是在监测了众多宝宝的生长过程后描绘出来的。通常在第 3 到第 97 百分位之间属于正常范围，而第 50 百分位代表平均值。

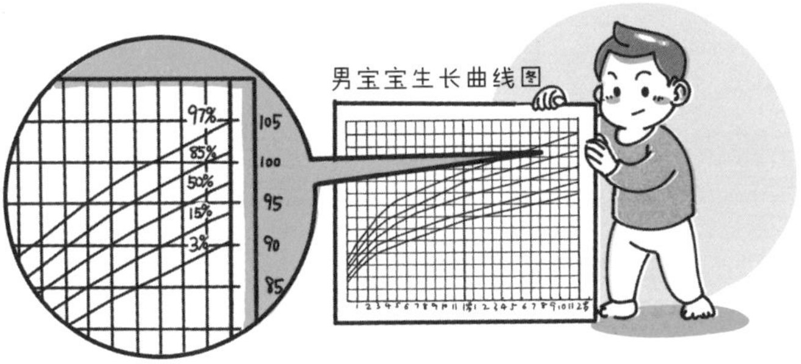

宝宝出生后，家长要养成每月测量宝宝身长（身高）、体重、头围的习惯，并且在生长曲线图上找到相应的数值描点，在这样的连续监测下评估宝宝的生长情况。

宝宝 2 岁前需要平躺测量身长。2 岁后要站立测量身高。身长曲线如果增长趋势缓慢，应警惕长期喂养不当及慢性疾病等问题。

体重测量应选在基本相同的时间或状态下进行，比如吃奶后、排便后、情绪平稳的时候等，以保证测量准确。体重变化受喂养、急性疾病影响较大。

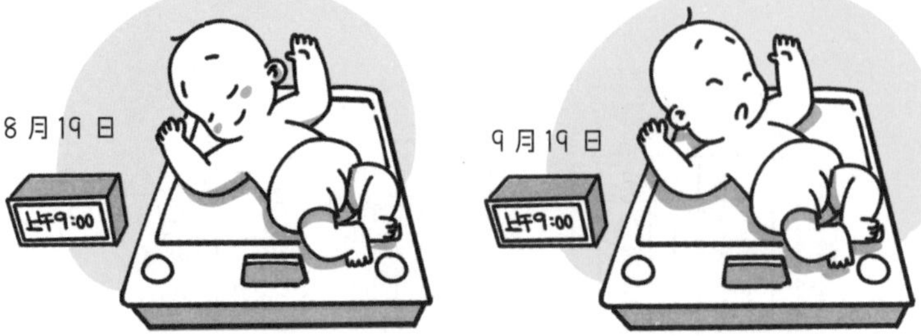

如果测量时宝宝不配合，家长可以先抱着宝宝测量一次，然后自己再测量一次，两次数值的差值就是宝宝的体重值。

头围的测量可采取“四点定位法”：两条眉毛各自的中间点，两耳尖对应在头上的点。用一根绳子经过这四点绕头部一周，绳子的长度就是宝宝头围的数值。如果家里有软尺，也可以直接使用软尺。

如何认识宝宝的视感知力发育?

知识点

- **新生宝宝是远视眼，且只能分辨黑、白、红三种颜色。**
- **为宝宝准备颜色鲜艳的玩具，可刺激视觉发展。**
- **宝宝的视力随着年龄增长会逐渐发育，到五六岁时接近成人。**

和宝宝互动时，宝宝却目空一切。刚出生的宝宝出现这种情况，是视力不佳所致，但这并不代表他的视力一定有问题，而是视力还未发育成熟。

刚出生的宝宝安静时可以短暂注视物体，但只能看清 20 厘米内的物体。也就是说，当宝宝躺在妈妈怀里吮吸乳汁时，基本只能看清妈妈的乳房，至于妈妈的样貌，由于距离“太远”，对他来说看上去是模糊的。

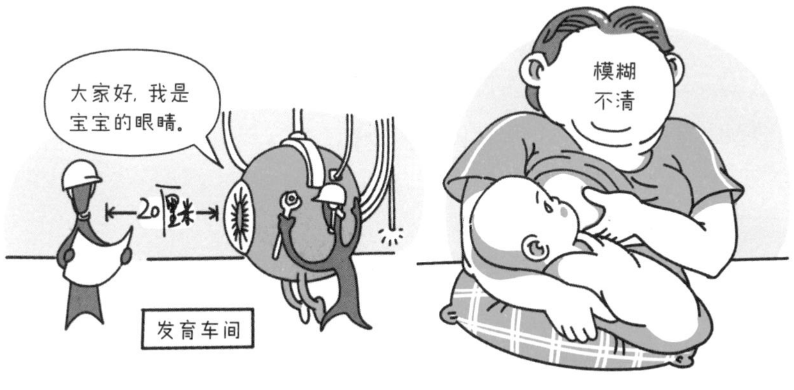

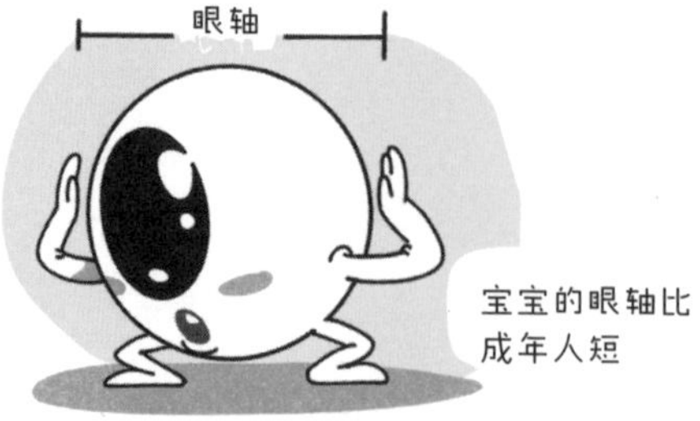
眼轴
宝宝的眼轴比成年人短

由于宝宝的眼轴长度相对于成人要短，所以宝宝出生时一般都有生理性远视，是远视眼。

另外，宝宝能辨识的色彩也很少，除了黑与白，唯一能看到的是红色。不过，由于妈妈的乳房是粉红色的，这对以吃和睡为主要任务的新生宝宝来说，现有的色彩辨识能力已经足够了。

成人眼轴
宝宝眼轴
粉色!
能看到粉红色，对新生宝宝来说已经够啦!

在接下来的一年里，宝宝的视觉会逐渐发育：满月时，能够头眼协调地注视物体，并且可以追视感兴趣的物体。

盯住这辆车!
脑袋

3~4 个月时，能够看到远处颜色比较鲜艳的或者移动的物体，并且拥有辨别不同颜色的能力。在这个阶段，家长可以用一些颜色鲜艳的玩具跟宝宝玩耍，这对促进宝宝的视力发育有很大帮助。

6~7 个月时，宝宝视线的方向和身体的动作更为协调，目光能够追随上下移动的物体，开始能辨别场景的深度。

8~9 个月时，宝宝开始发展视觉深度，当趴在床边向下看时，能够“看”出床与地面之间的落差，也能够看到小物体。18 个月时，能区分各种形状。到了 2 岁，能区分竖线和横线。

5~6 岁时，其视力水平接近成人。

如何认识宝宝的听感知力发育?

知识点

- 胎儿在妈妈肚子里时就已经有了听力。
- 新生儿的鼓室里没有空气，因此听力很差。
- 宝宝听力会逐渐发育，到 4 岁左右就十分完善了。

新生宝宝对于声音并不陌生，当他还在妈妈肚子里的时候就已经有了听的能力。

不过，这并不代表宝宝一出生就拥有和成人一样的听力。新生儿的外耳和内耳之间的鼓室里没有空气，因此听力很差。

到了 3~4 个月大时，宝宝能够转头去寻找声源，听到悦耳的声音会表现得很开心，也会“竖起耳朵”去辨识熟悉的声音。

7~9 个月大时，宝宝不仅能听到且辨识出自然界中的大部分声音，而且还有能力辨识声音的来源。

13~16 个月时，宝宝能够寻找不同响度的声源。4 岁左右，宝宝的听觉发育就十分完善了。

13 ~ 16 个月

4 岁

健康体检都包括什么？

知识点

- **定期体检对于宝宝的健康管理很重要，家长要重视。**
- **宝宝出生后的第一年里体检的频率最密集。**
- **体检内容主要包括生长指标检测、身体检查和养育指导。**

在宝宝成长的不同阶段，连续、定期体检对做好健康管理非常重要。一般来说，宝宝出生后的第一年里体检的频率最密集。宝宝的健康体检项目主要包括三大类：生长指标检测、身体检查和养育指导。

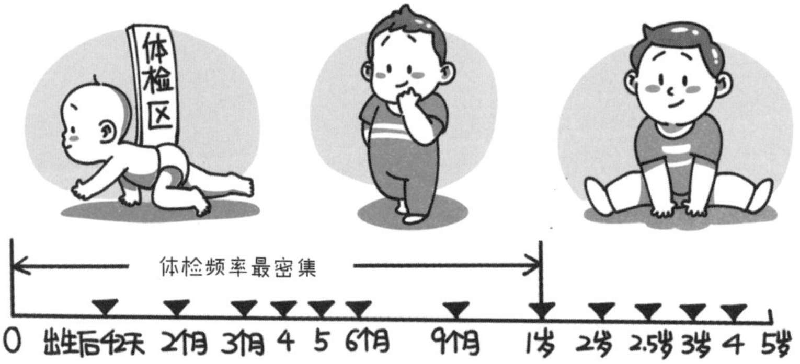

不同地区体检月龄会有差异，以当地儿童保健机构建议为准

生长指标检测就是测量宝宝的身长、体重、头围、体温、呼吸、脉搏等，然后绘制出生长曲线，了解宝宝的生长趋势，看看有没有异常。

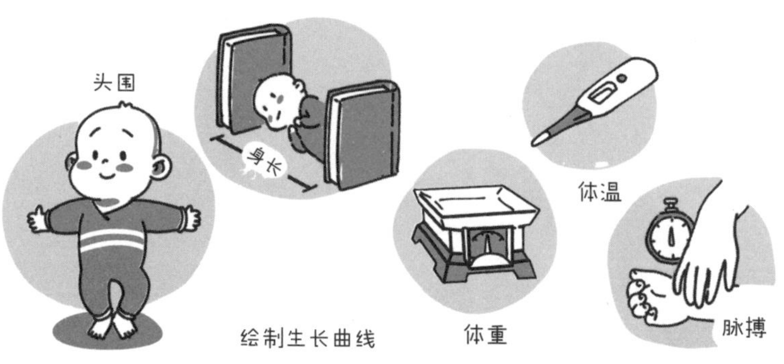

身体检查时，医生会重点关注宝宝的皮肤、头颈、五官、心、肺、腹、骨骼、神经系统、生殖器等各个方面的情况。

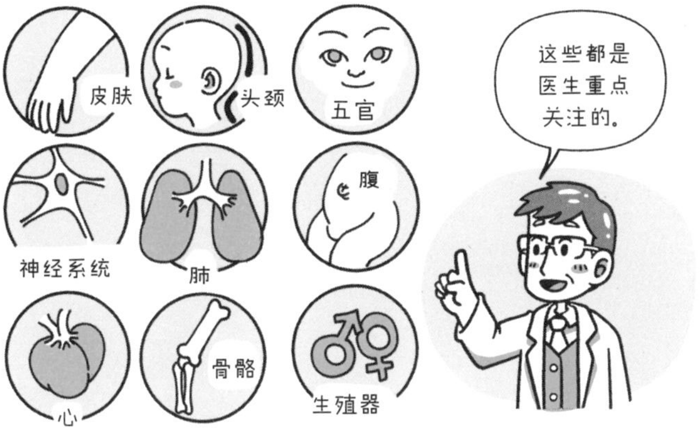

最后，针对生长指标检测和身体检查的结果，还有家长在过去一段时间里遇到的具体问题，医生会提供详细的解决方案和养育指导。

希望每个家庭
都能实现轻松的养育，
我愿与您一起
呵护宝宝健康成长！
崔玉涛